Hermann Kaindl
Benedikt Lutz
Peter Tippold

Methodik der Softwareentwicklung

Hermann Kaindl

Benedikt Lutz

Peter Tippold

Methodik der Softwareentwicklung

Vorgehensmodell und State-of-the-Art der professionellen Praxis

Springer Fachmedien Wiesbaden GmbH

Die deutsche Bibliothek – CIP-Einheitsaufnahme

Kaindl, Hermann:
Methodik der Softwareentwicklung: Vorgehensmodell und State of the art
der professionellen Praxis / Hermann Kaindl; Benedikt Lutz; Peter Tippold.
 (Vieweg Professional Computing)
 ISBN 978-3-663-10789-7   ISBN 978-3-663-10788-0 (eBook)
 DOI 10.1007/978-3-663-10788-0

http://www.vieweg.de

ISBN 978-3-663-10789-7

Für unsere Familien

Vorwort

Methodische Softwareentwicklung ist nicht nur ein Thema für die wissenschaftliche Forschung, sondern seit vielen Jahren auch ein wichtiges Anliegen der industriellen Praxis. Letzlich hängt doch der Geschäftserfolg eines Unternehmens ganz wesentlich davon ab, daß die Entwicklungsprozesse effizient, planbar und kontrollierbar sind. Dies gilt klarerweise auch für die *Programm- und Systementwicklung* der Siemens AG Österreich, einen SW-Entwicklungsbereich mit über 3000 Mitarbeitern, in dem seit Jahrzehnten unterschiedlichste Projekte für verschiedenste Anwendungsbereiche durchgeführt werden. Die drei Autoren sind langjährige Mitarbeiter dieses Bereichs.

Methode SEM seit 1983

Die *Systementwicklungsmethode* SEM wurde 1983 als Vorgehensmodell für die Abwicklung von Projekten entworfen und für den Bereich *Programm- und Systementwicklung (PSE)* verpflichtend eingeführt. Der damalige Anwendungsbereich erstreckte sich auf Entwicklungsprojekte für Software, Firmware und Elektronikhardware. Die Dokumentation zu SEM umfaßte ein allgemein zugängliches Entwicklungshandbuch (EHB) zur generellen Darlegung der Methode sowie ein nur firmenintern zugängliches Entwicklungsverfahrenshandbuch (EVHB) zur Darlegung empfohlener Verfahren mit Angaben zu deren Durchführung.

ISO-Zertifizierung und CMM-Assessment

1993 diente SEM als Basis für die *Zertifizierung* des Bereichs *Programm- und Systementwicklung* nach der Norm EN ISO 9001, kurz darauf wurde die auf SEM basierende Softwareentwicklung einem *Assessment* nach dem Reifegradmodell *CMM/Bootstrap* unterzogen. SEM wurde dabei als „robustes, allumfassendes Vorgehensmodell" bezeichnet. Es wurde jedoch die Verbesserung empfohlen, den wegen der Allgemeingültigkeit von SEM bestehenden deutlichen Abstand zwischen dem Vorgehensmodell und den nach ihm abgewickelten Projekten durch Bildung spezialisierter SEM-Ausprägungen sowie die Bereitstellung neuer Hilfsmittel zu verringern.

Vorgehensmodell SEM-VM

Das führte 1994 zum Beschluß einer Überarbeitung des Vorgehensmodells, einem Neuaufbau der Dokumentation und der Schaffung erweiterter Hilfsmittel. Das nun vorliegende *SEM-Vorgehensmodell* SEM-VM löste sich von dem in SEM V3.0 als Phasenablauforganisationsform implizit unterlegten Wasserfallmodell (es läßt nun explizit fünf unterschiedliche Modelle zu); es erweiterte seinen Anwendungsbereich auf Projekte zur Anpassung vorhandener Software und zur Erstellung von Orgware und läßt in seiner Formulierung deutlich erkennen, welche Regelungen verpflichtend sind und welche nur Empfehlungen darstellen. Damit bildet das SEM-VM die Basis für die Ableitung spezifischer SEM-Ausprägungen. SEM ist weiterhin in das QM-System der Siemens AG Österreich und der PSE eingebettet.

Dokumentation von SEM

Die Dokumentation von SEM umfaßt das allgemeingültige SEM-Vorgehensmodell, das in Teil II dieses Buches beschrieben ist, pro spezieller SEM-Ausprägung ein Entwicklungshandbuch (in elektronischer oder in Papierform), das die gesamte Vorgehensbeschreibung und die Verfahrensbeschreibung enthält, sowie eine Reihe von Leitfäden, die für ausgewählte Themen detaillierte Anleitungen, Beispiele und Vorlagen bieten.

Das Buch

Dieses Buch macht in Teil II den Kernteil von SEM, das Vorgehensmodell SEM-VM öffentlich zugänglich. Damit es auch außerhalb der Firma Siemens verstanden werden kann, und damit man als Leser auch sehen kann, wozu SEM-VM Verwendung findet, diskutieren wir in Teil I dieses Buches verschiedene Aspekte der Softwareentwicklung im Zusammenhang mit SEM-VM.

Danksagungen

Unser Dank gilt insbesondere jenen Mitgliedern des Fachkreises SEM, die durch ihre Ideen und kritischen Diskussionen wesentlich zur Formung von SEM-VM beigetragen haben: Eva Maria Pöstion, Franz Reinisch, Gerhard Schranz, Heinz Skoczdopole und Heinz Volopich. Siegfried Zopf leistete wertvolle Arbeit als Kenner von SEM und als Reviewer von SEM-VM. Für die mühevolle Unterstützung bei der Aufbereitung des Manuskripts möchten wir Marlies Titak und Gerhard Kainz aufrichtig danken.

Wien, im Dezember 1997

Hermann Kaindl
Benedikt Lutz
Peter Tippold

Inhaltsverzeichnis

Einleitung 1

Teil I: Softwareentwicklung mit dem Vorgehensmodell SEM-VM

1 SEM-VM und andere Vorgehensmodelle...................7

    1.1 Einleitung...7

    1.2 SEM-VM als Modell.....................................7

    1.3 Andere Vorgehensmodelle.............................9

    1.4 Die Entscheidung für SEM-VM.......................18

    1.5 Zusammenfassung......................................20

2 Vom Vorgehensmodell zur konkreten Methode...............21

    2.1 Einleitung...21

    2.2 Wichtige Eigenschaften des SEM-VM...............21

    2.3 Der Weg zur konkreten Methode.....................28

    2.4 Erfahrungen aus der Erstellung der bereits vorliegenden SEM-Ausprägungen........................36

    2.5 Zusammenfassung......................................37

3 Objektorientierte Softwareentwicklung gemäß dem Vorgehensmodell SEM-VM...............................39

    3.1 Einleitung...39

    3.2 Objektorientierte Methoden für die Softwareentwicklung.................................39

    3.3 Phasen bei objektorientierter Softwarentwicklung gemäß SEM-VM.....................................43

    3.4 Planung und Durchführung von objektorientierten Projekten gemäß SEM-VM............................49

    3.5 Dokumentation..53

3.6 Zusammenfassung..54

**4 Bereitstellung einer Methode nach SEM-VM mittels
Hypermedia im Intranet**..**55**

4.1 Einleitung..55

4.2 Von gedruckten Handbüchern zur Intranet-Lösung..........56

4.3 Designprinzipien und Architektur......................58

4.4 Textierung und äußere Gestaltung einzelner Seiten..........61

4.5 Zugangsstrukturen für den Anwender......................67

4.6 Trotzdem eine gedruckte Version?......................67

4.7 Der Entstehungs- und Einführungsprozeß......................69

4.8 Zusammenfassung..71

Teil II: Das Vorgehensmodell SEM-VM

5 Einleitung..**75**

5.1 Zweck und Zielsetzung des Vorgehensmodells SEM-
VM..75

5.2 Inhalt des Vorgehensmodells SEM-VM......................76

5.3 Geltungsbereich des Vorgehensmodells SEM-VM..............76

5.4 Anwendung des Vorgehensmodells SEM-VM......................77

5.5 Abgrenzung zu anderen Handbüchern......................81

5.6 Verantwortung für SEM-VM......................82

5.7 Hinweise für den Leser......................82

5.8 Zum Aufbau von Teil II des Buches 83

6 Vorgehensmodell zur Systementwicklung......................**85**

6.1 Allgemeines..85

6.2 Phasenorganisation, Tätigkeiten, Meilensteine..............85

6.3 Phasenablauforganisation......................93

6.4 Projektmanagement..102

6.5 Configuration Management 109

6.6 Qualitätssicherung 111

6.7 Wiederverwendung 115

7 Projektphasen 117

7.1 Allgemeines 117

7.2 Überblick der Meilensteine und Phasenergebnisse 120

7.3 Phase Initiierung 121

7.4 Phase Definition 126

7.5 Phase Entwurf 139

7.6 Phase Realisierung 150

7.7 Phase Einsatz 160

7.8 Phase Abschluß 164

8 Pläne und Dokumente 171

8.1 Allgemeines 171

8.2 Anforderungsspezifikation 171

8.3 Benutzerhandbuch 173

8.4 CM-Plan 174

8.5 Grob-Projektplan 175

8.6 Grob-QS-Plan 177

8.7 Lösungsspezifikation 178

8.8 Lösungsstudie 180

8.9 Lösungsvorschlag 181

8.10 Projektabschlußbericht 183

8.11 Projekterfahrungsbericht 184

8.12 Projektplan 185

8.13 Qualitätssicherungsplan (QS-Plan) 186

8.14 Testplan 189

8.15 Wiederverwendungsplan (WV-Plan) 191

9 Checklisten..**193**

   9.1 Allgemeines 193

   9.2 Aufbau von Checklisten..................................... 194

   9.3 Verpflichtende Checklisten 195

Begriffsbestimmungen und Abkürzungen **197**

Literaturverzeichnis..**211**

Index **215**

Abbildungsverzeichnis

Bild 1: Ableitung konkreter Methoden aus SEM-VM und deren Anwendung.......................9

Bild 2: Document Tree der ESA-Entwicklungsmethode PSS-05..12

Bild 3: Produktfluß im V-Modell......................14

Bild 4: Tailoring des V-Modells für konkrete Projekte...............15

Bild 5: Anwendung der Entwicklungsmethode SEPP.................16

Bild 6: SEM-VM Phasenübersicht....................43

Bild 7: Phasenabfolge bei Prototyping...................48

Bild 8: stdSEM-Homepage......................59

Bild 9: stdSEM-Phasen-Homepage 60

Bild 10: Struktur des stdSEM-Webs 61

Bild 11: Tätigkeitsknoten...................63

Bild 12: Checkliste für Tätigkeit 64

Bild 13: Tips zu Tätigkeit...................64

Bild 14: Ergebnisknoten 65

Bild 15: Checkliste für Ergebnis 66

Bild 16: Beispieldokument 66

Bild 17: Printfiles im PostScript- und PDF-Format...................68

Bild 18: System von Handbüchern nach SEM 82

Bild 19: Lebenszyklus eines Projekts 86

Bild 20: Phasenabfolge des Wasserfallmodells...................94

Bild 21: Phasenabfolge des Spiralmodells 95

Bild 22: Phasenabfolge bei Prototyping...................97

Bild 23: Phasenabfolge des Evolutionsmodells 99

Bild 24: Phasenabfolge des Ausbaustufenmodells 101

Bild 25: Projektplanung...................104

Bild 26: Übersicht der Phasenergebnisse...................120

Bild 27: Einbettung der Phase Initiierung 121

Bild 28: Überblick zur Phase Initiierung 121

Bild 29: Einbettung der Phase Definition 126

Bild 30: Überblick zur Phase Definition 126

Bild 31: Einbettung der Phase Entwurf 139

Bild 32: Überblick zur Phase Entwurf 139

Bild 33: Einbettung der Phase Realisierung 150

Bild 34: Überblick zur Phase Realisierung 150

Bild 35: Einbettung der Phase Einsatz 160

Bild 36: Überblick zur Phase Einsatz 160

Bild 37: Einbettung der Phase Abschluß 164

Bild 38: Überblick zur Phase Abschluß 164

Einleitung

In der industriellen Praxis der Entwicklung und Erstellung von *Software* (SW) gibt es unzählige Probleme. Eine Auswahl der unseres Erachtens derzeit wichtigsten Probleme ist in der linken Spalte von Tabelle 1 aufgelistet. Als besonders unangenehm stellt sich in der Praxis heraus, daß diese und ähnliche Probleme selten allein auftreten, sondern meist kombiniert.

Tabelle 1:
Probleme bei der SW-Erstellung und entsprechende Lösungsansätze in SEM

Probleme bei der SW-Erstellung	*Lösungsansätze in SEM*
SW-Projekte sind meist teurer als erwartet und dauern deutlich länger als geplant.	Definierter Planungsprozeß in SEM
SW ist trotz sorgfältiger Tests meist fehlerhaft.	Definiertes Qualitätsmanagement in SEM
Dokumente, Quellcode etc. und deren Versionen befinden sich oft im Chaos.	Definiertes Configuration Management in SEM
Wiederverwendung läßt sich in der Praxis nur schwer umsetzen.	Definierte Wiederverwendung in SEM
Prototyping und „geordnetes" Vorgehen stehen (scheinbar) im Widerspruch zueinander.	Prototyping als definierte Phasenablauforganisation in SEM
Objektorientierte Projekte sind oft schwer zu steuern.	Objektorientierte Entwicklung in SEM
Methoden für SW-Entwicklung lassen sich in der Praxis nur schwer umsetzen.	Intranet-Bereitstellung mittels Hypermedia in SEM
ISO-Zertifizierung steht ins Haus.	ISO-konformes Vorgehen in SEM
Es ist oft zu spät erkennbar, daß ein SW-Projekt ein Verlust wird.	Explizite Risikobewertung in SEM
In der SW-Entwicklung treten immer wieder die gleichen Probleme auf.	Geordneter Projektabschluß im Rahmen einer eigenen Phase in SEM

Leider gibt es kein Allheilmittel zur Lösung all dieser Probleme, aber wir haben im Rahmen der Systementwicklungsmethode SEM versucht, sie so gut wie möglich zu bewältigen. Die rechte Spalte von Tabelle 1 stellt diesen Problemen bei der Software-entwicklung folgende Lösungsansätze in SEM gegenüber (die meisten sind zwar isoliert betrachtet nicht neu, ihre gegenseitig abgestimmte Kombination in SEM aber für industrielle Projekte gut geeignet):

- *Planungsprozeß*
  SEM bietet einen vom Projektergebnis ausgehenden und in der industriellen Praxis bewährten Planungsprozeß.

- *Qualitätsmanagement*
  SEM beinhaltet Qualitätsmanagement (QM) als integralen Be-standteil, wobei die Durchführung von Tests nur eine der Maßnahmen darstellt.

- *Configuration Management*
  SEM beinhaltet Configuration Management (CM) als integra-len Bestandteil zur Organisation aller entstehenden Verwal-tungseinheiten und deren Versionen.

- *Wiederverwendung*
  SEM beinhaltet Wiederverwendung (WV) als integralen Be-standteil. Im WV-Plan kann z.B. die Verwendung spezieller *Patterns* bestimmt werden.

- *Prototyping*
  SEM beschreibt fünf Modelle der Phasenablauforganisation – eine davon speziell für Prototyping – und integriert verschie-dene Ansätze für Prototyping in einem geordneten Prozeß.

- *Objektorientierte Entwicklung*
  SEM bietet einen geordneten Rahmen für objektorientierte Entwicklung.

- *Intranet-Bereitstellung*
  SEM zeigt, wie die Bereitstellung einer Methode mittels Hy-permedia im Intranet diese Methode dem Entwickler näher bringt.

- *ISO-konformes Vorgehen*
  SEM bietet eine Grundlage für ISO-konformes Vorgehen und gibt Anleitungen zum Einrichten geeigneter Verfahren (wie für unsere eigene Organisation).

- *Risikobewertung*
  SEM sieht bereits vor der eigentlichen Projektabwicklung eine

Risikobewertung vor, die (unter anderem) eine rationale Entscheidung über die Durchführung eines Projekts ermöglicht.

- *Geordneter Projektabschluß*
  SEM sieht nach jedem Projekt einen geordneten Abschluß vor, damit die Projekterfahrung genutzt und daraus gelernt werden kann. Deshalb beinhaltet er das Sammeln und Verwerten der gewonnenen Erfahrungen.

SEM-VM als Basis

Als Basis für die Umsetzung dieser Lösungsansätze in SEM haben wir das *Vorgehensmodell* SEM-VM entwickelt. SEM-VM ist vollständig in Teil II dieses Buches zu finden. Es regelt umfassend (und innerhalb unserer Organisation verbindlich), was bei der Formulierung konkreter Methoden für die Abwicklung von Systementwicklungsprojekten zu beachten ist und welche Ergebnisse gefordert werden müssen bzw. sollen.

SEM-VM behandelt allerdings *nicht* die üblichen Techniken des *Software Engineering*, wie sie insbesondere in theoretischen Abhandlungen beschrieben sind. Über solche Techniken gibt es eine große Zahl von Veröffentlichungen, siehe etwa [Balzert 96, Davis 93, Ghezzi *et al.* 91, Krueger 92, Marciniak 94, Pagel & Six 94, Sommerville 92]. Vielmehr werden Kenntnisse über solche Techniken bei der Anwendung einer Methode gemäß SEM-VM bereits vorausgesetzt.

SEM-VM und andere Vorgehensmodelle

In Teil I des Buches diskutieren wir SEM-VM nach verschiedenen Gesichtspunkten. So ist SEM-VM nicht das erste und auch nicht das einzige Vorgehensmodell für Systementwicklung. Daher stellen wir SEM-VM anderen Vorgehensmodellen gegenüber und versuchen die Vorzüge unseres Ansatzes darzustellen und zu begründen.

Konkrete Methoden als Ausprägungen

Die konkreten Bestimmungen und Anweisungen in Entsprechung zu SEM-VM finden sich in den konkreten Methoden, die man als *Ausprägungen* gemäß SEM-VM betrachten kann. Solche Ausprägungen sind an die speziellen Gegebenheiten etwa von Organisationen oder Technologien angepaßt und somit spezifisch für diese geeignet.

Von SEM-VM zur Ausprägung

Es ist allerdings nicht ganz einfach und billig, von einem Vorgehensmodell wie SEM-VM zu einer solchen Ausprägung zu kommen. Unsere eigene Erfahrung hat dies deutlich bestätigt. Deshalb beschreiben wir in Teil I des Buches auch, wie man grundsätzlich eine Ausprägung gemäß SEM-VM erstellt, und was wir selbst diesbezüglich für Erfahrungen gemacht haben.

**Objektorientierte
Softwareentwicklung**

Als ein Beispiel für eine technologiespezifische SEM-Ausprägung diskutieren wir genauer, welche Probleme es speziell bei *objektorientierter* Softwareentwicklung gibt, und wie wir sie für die Erstellung von ooSEM gelöst haben. ooSEM ist unsere eigene Ausprägung in der Siemens AG Österreich und stellt eine konkrete Methode für objektorientierte Softwareentwicklung gemäß SEM-VM dar.

**Bereitstellung
mittels Hypermedia
im Intranet**

Noch so ausgeklügelte Methoden für Softwareentwicklung garantieren allerdings noch lange nicht deren (sinnvolle) Umsetzung in der Praxis. Insbesondere neigen dicke Papierordner oft dazu, im Schrank zu stehen und dort zu verstauben. Deshalb haben wir für die neuen Ausprägungen den Weg gewählt, sie mittels Hypermedia im Intranet bereitzustellen. Dadurch werden sie dem Softwareentwickler näher gebracht, indem er direkt von seinem Arbeitsplatzrechner jederzeit auf eine aktuelle Version der von ihm gerade verwendeten Methode zugreifen kann.

Buchübersicht

Das Buch ist somit folgendermaßen aufgebaut. Im ersten Teil stellen wir zuerst SEM-VM anderen Vorgehensmodellen gegenüber. Danach zeigen wir, wie man vom Vorgehensmodell zur konkreten Ausprägung einer Methode kommt. Da objektorientierte Softwareentwicklung heute sehr aktuell ist, besprechen wir anschließend, wie diese gemäß unserem Vorgehensmodell SEM-VM unterstützt werden kann. Zuletzt zeigen wir, wie wir eine Methode mittels Hypermedia im Intranet bereitstellen. Der zweite Teil des Buches beinhaltet schließlich das Vorgehensmodell SEM-VM selbst.

Teil I

Softwareentwicklung mit dem Vorgehensmodell SEM-VM

1   SEM-VM und andere Vorgehensmodelle

1.1   Einleitung

Unter den Bezeichnungen *Vorgehensmodell, Entwicklungsmethode* oder *Engineering Standards* existiert eine Reihe von Verfahrensbeschreibungen, die mehr oder weniger detailliert den Prozeß der Softwareerstellung beschreiben bzw. durch entsprechende Bestimmungen innerhalb bestimmter Anwendungsbereiche regeln. Im folgenden soll versucht werden, vom Typus her charakteristische existierende Vorgehensmodelle SEM-VM gegenüberzustellen und zu erklären, warum wir mit unserem Vorgehensmodell einen etwas anderen Weg eingeschlagen haben.

1.2   SEM-VM als Modell

Das in Teil II des vorliegenden Buchs vollständig enthaltene Regelwerk zur Gestaltung zeitgemäßer Entwicklungsmethoden für die Softwareentwicklung trägt ganz bewußt den Begriff „Vorgehensmodell" (VM) in seinem Namen.

Reduktion auf das Wesentliche

Der Begriff „Modell" paßt gut, weil Modelle Abbilder von realen Systemen und Vorgängen sind, die durch Abstraktion von der Wirklichkeit nur jene Eigenschaften behalten, die für die Anwendung des Modells wichtig, ja oft unverzichtbar sind. Denken wir an Architekturmodelle für neue Bauvorhaben, wo es in der Darstellung des Modells nur auf die richtigen Außenproportionen ankommt oder an ein Modell eines Auto- oder Flugzeugtrainers, das alle wesentlichen Bedienelemente sowie eine simulierte Umgebung enthält, nicht aber ein gesamtes Auto oder Flugzeug nachbildet.

Unverzichtbare und nützliche Elemente

Genau das trifft auch auf unser Vorgehensmodell für Softwareentwicklungsprojekte zu. Hier sind vom Vorgehen bei realen Projekten nur die *wichtigen* und für zeitgemäßes, qualitätsgesichertes Vorgehen *unverzichtbaren und nützlichen Elemente* enthalten, etwa

- die Aufteilung des Entwicklungsprozesses in konkrete, vorgegebene Entwicklungsabschnitte *(Phasen);*

- die modellhaften Abläufe durch die Phasen *(Ablaufmodelle)*, die vor allem auch neuere Techniken wie etwa prototypisches Entwickeln unterstützen;

- alle wichtigen Entwicklungsdokumente, die als *Ergebnisse* aus den vorgegebenen Phasen entstehen, und die dazu führenden *Tätigkeiten;*

- alle wichtigen Maßnahmen modernen *Projektmanagements;*

- alle die Tätigkeiten, die unverzichtbar für ein gelebtes *Qualitätsmanagementsystem* nach EN ISO 9001 sind (etwa die Durchführung von Reviews oder die Planung von Tests).

Daneben gibt das SEM-VM als Modell aber auch vor, wo in einer konkreten Methode zur Softwareentwicklung Anwendungsunterstützung gegeben werden muß, und auch in den Grundzügen, wie sie gegeben werden muß, etwa

- welche Checklisten in einer konkreten Methode zu dort verpflichtend geforderten Dokumenten vorhanden sein müssen;

- welchen prinzipiellen Aufbau Checklisten für Ergebnisse, aber auch für Tätigkeiten haben sollen.

Flexibilität

Der jeweilige *Verpflichtungsgrad* aller dieser Elemente des SEM-VM – unverzichtbar, stark empfohlen, möglich (dargestellt als *muß, soll* und *kann*) – gibt dem Modell die von uns gewünschte Flexibilität. Einzelheiten zur Ausführung und Durchführung sind nicht enthalten. So sind etwa für die Entwicklungsdokumente keine expliziten Inhaltsgliederungen vorgegeben, sondern nur die Inhalte selbst kurz und prägnant beschrieben. Auch bei den Tätigkeiten wird im Zuge der Abstraktion weitgehend darauf verzichtet anzugeben, wer diese auf welche Art durchführt.

Dadurch ist mit SEM-VM ein Modell entstanden, das zwar nicht direkt beim Durchführen von Softwareprojekten anwendbar ist, aus dem man aber zielgerichtet *konkrete,* und damit wieder *spezifische Methoden* für die Entwicklung von jeder Art von Software, Firmware, Loadware, ja auch Orgware ableiten kann. Hinweise, die bei der Beschreibung einzelner Elemente des SEM-VM angegeben sind, sollen gezielt jenen helfen, die konkrete Methoden aus dem SEM-VM ableiten.

Um dieses vielleicht auf den ersten Blick recht kompliziert anmutende mehrstufige Verfahren (dargestellt in Bild 1) besser zu verstehen, wollen wir uns im nächsten Kapitel ansehen, was andere Vorgehensmodelle leisten und uns daraus die Motivation für das bei uns gewählte Vorgehen ableiten.

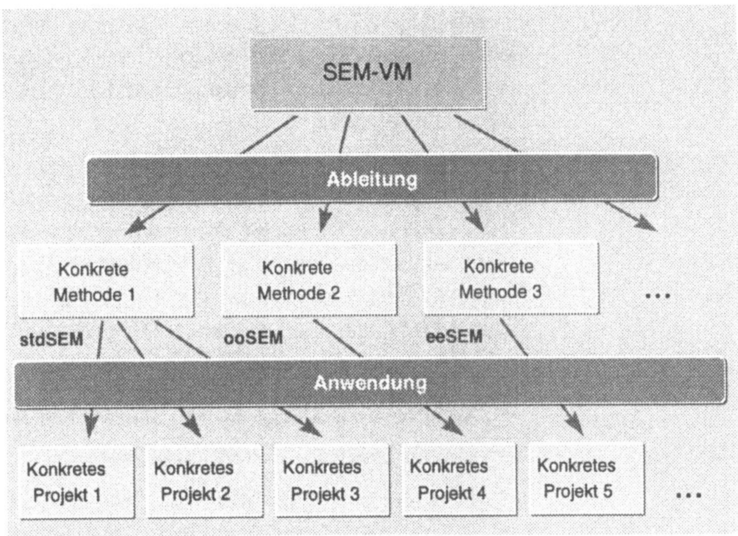

Bild 1:
Ableitung konkreter Methoden aus SEM-VM und deren Anwendung

1.3 Andere Vorgehensmodelle

Bekannte Vorgehensmodelle für Softwareentwicklung in Behörden und im Industriebereich kann man grob gesprochen in drei Kategorien einteilen (Vorgehensmodelle bei großen Softwareherstellern sind allerdings häufig nur intern definiert und damit öffentlich kaum bekannt):

1. reine *Gesetzeswerke,* die alle einzuhaltenden, empfohlenen oder möglichen Bestimmungen zur Abwicklung von Softwareprojekten enthalten;

2. für die praktische Anwendung in Softwareprojekten *umfangreich ausgearbeitete Methoden,* die möglichst alle Arten von Softwareprojekten unterstützen wollen;

3. für spezielle Großprojekte oder einen schmalen Anwendungsbereich geschaffene *maßgeschneiderte Methoden.*

Jedes dieser unterschiedlichen Vorgehensmodelle hat Vor- und Nachteile in der praktischen Anwendung, was im folgenden beispielhaft anhand konkreter Modelle dargestellt werden soll.

1.3.1 ESA Software Engineering Standards PSS-05

Ein typischer Vertreter für ein Vorgehensmodell mit „Gesetzeswerkcharakter" ist der bei der Europäischen Weltraumbehörde ESA eingeführte und öffentlich verfügbare Standard PSS-05 (zur Erklärung: PSS steht für *Procedures, Specifications and Stan-*

dards; das 05 ist der interne ESA-Code für das Gebiet des Software Engineering). Die folgenden Aussagen beziehen sich auf die Ausgabe 2 vom Februar 1991 [ESA 91]. Dieser Standard ist in drei Teile gegliedert.

Product Standards

Teil 1 repräsentiert die sogenannten *Product Standards*, also alle Regelungen, die anzuwenden sind, damit das Produkt selbst (die Software) entworfen, gebaut und betrieben werden kann. In diesem Teil ist das sogenannte *Software Lifecycle Model* angegeben, das vor allem die vorgeschriebenen Entwicklungsphasen definiert. Pro Phase sind in diesem Modell noch angegeben:

- die wichtigsten Tätigkeiten *(major activities),*
- die geforderten Ergebnisse *(deliverable items),*
- die geforderten Reviews *(reviews),*
- die wichtigsten Meilensteine *(major milestones).*

Procedure Standards

Teil 2 repräsentiert die sogenannten *Procedure Standards*, also alle Aktivitäten, die für die Abwicklung des Projekts wichtig sind. Wichtiger Inhalt dieses Teils des Standards sind aufgeführte Aktivitäten und Ergebnisse

- des Software-Projektmanagements,
- des Software Configuration Managements,
- der Software-Verifizierung und -Validierung,
- der Software-Qualitätssicherung.

Teil 3 des PSS-05 ist als Anhang gestaltet und enthält Übersichten, Tabellen, Formulare und Checklisten zu allen verpflichtenden Ergebnissen und Praktiken, ist also typischerweise zur Hilfestellung bei der Anwendung der Standards gedacht.

Ganz wichtig, und eben dadurch den Charakter eines Gesetzeswerks prägend sind die jeweils deutlich bei jeder Regelung angegebenen *Verpflichtungsgrade* „shall" *(mandatory practices),* „should" *(recommended practices)* und „may" *(guideline practices),* die sich durch das ganze Werk ziehen.

Durch seine gute Gliederung und seine klaren Bestimmungen ist dieser Standard ein hervorragendes Instrument für die Europäische Weltraumbehörde. Er bildet eine eindeutige Vorgabe für alle Vertragspartner, die für die ESA oder mit ihr gemeinsam Software entwickeln und läßt auf einfache Weise Überprüfungen der entstehenden Ergebnisse aus den einzelnen Projekten zu. So gesehen wäre dieses Modell auch für die Belange der Softwareentwicklung innerhalb der Programm- und Systementwicklung der Siemens AG Österreich gut anwendbar gewesen und hätte die seit 1983 bestehende konkrete Systementwicklungsmethode SEM ablösen können.

Praktische Hilfestellungen nötig: Leitfäden

In der praktischen Anwendung der Erstausgabe des *Standards* (1987) hat sich jedoch bereits gezeigt, daß für eine zufriedenstellende Anwendung der Regelungen doch noch eine Reihe von Erklärungen und Hilfen erforderlich sind, und so entstanden mit der Ausgabe 2 eine Reihe von Leitfäden *(PSS-05 Guides)*, die ganz spezifische Teile des Standards genauer abhandeln und Hilfestellungen geben (etwa durch Erklärungen und Dokumentenvorlagen).

Es entstand ein sogenannter *Document Tree*, der unter dem eigentlichen Software Engineering Standard (auf Level 1) auf einer untergeordneten Ebene (Level 2)

- für jede Entwicklungsphase aus dem *Product Standard* und

- für jeden Bereich aus dem *Procedure Standard*

ein eigenes, als „Guide to the ...“ bezeichnetes Dokument vorsieht. Somit existieren mit einem Leitfaden, der genau die Handhabung der Dokumente im *Document Tree* beschreibt [ESA 91], insgesamt *elf* mehr oder minder umfangreiche *Leitfäden*, die das an und für sich recht kompakte Regelwerk des PSS-05-0 ergänzen. Auf einer weiteren Ebene darunter (Level 3) existieren dann noch Leitfäden, die sich mit technologischen Themen der Softwareentwicklung befassen, etwa mit Programmieranleitungen für FORTRAN, Ada und C oder die Methode der *Structured Analysis*.

Was können wir daraus lernen? PSS-05 als Vorgehensmodell mit „Gesetzeswerkcharakter“ ist *erst mit der Ergänzung durch diese Leitfäden praktisch anwendbar* geworden (dargestellt in Bild 2).

Das bedeutet konkret für den Anwender, daß die Entwicklungsmethode praktisch in den Leitfäden dokumentiert ist, eine Tatsache, die auch mit der Feststellung aus dem PSS-05 übereinstimmt, daß in den Leitfäden keine neuen *mandatory practices* definiert werden, sondern nur die bestehenden wiederholt und erläutert werden. Dazu finden sich als nützliche Ergänzungen

- Richtlinien für Methoden, die eingesetzt werden können,

- Richtlinien für Tools, die eingesetzt werden können und

- Anleitungen für die Erstellung der Dokumentation.

Bild 2:
Document Tree der
ESA-Entwicklungs-
methode PSS-05

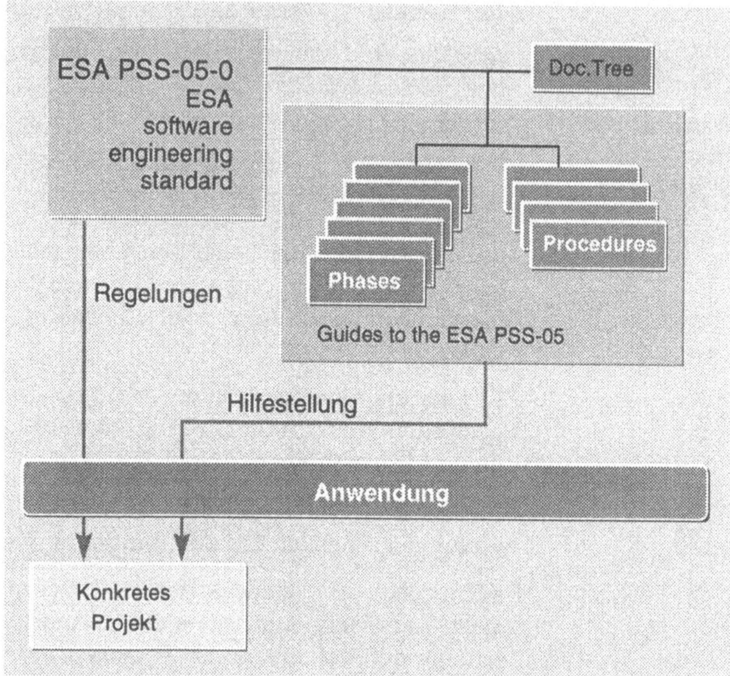

Zusammenfassend kann man also die Vor- und Nachteile von PSS-05 als Vertreter eines Modells mit dem Charakter eines Gesetzeswerks wie in Tabelle 2 gegenübergestellt beurteilen.

Tabelle 2:
Vor- und Nachteile
von PSS-05

Vorteile	*Nachteile*
Klar erkennbarer Verpflichtungsgrad aller Regelungen	Nur klar erkennbar, *was* zu tun ist und zu entstehen hat, nicht aber *wie*
Gute Übersichtlichkeit durch relativ geringen Umfang	Erklärungen und Hilfen nur in den Guide-Dokumenten zu finden
Gilt für alle Arten von Softwareprojekten, damit ist Einheitlichkeit im Standard bewahrt	Läßt keine flexible Anpassung an unterschiedliche Projekte zu

1.3.2 V-Modell

Ein typisches Beispiel für ein umfangreich ausgearbeitetes Modell, das möglichst alle Arten von Softwareprojekten unterstützen will, ist das für den Behördenbereich der Bundesrepublik Deutschland und Projekte der Deutschen Bundeswehr erstellte und verpflichtend vorgeschriebene V-Modell (zur Erklärung: V-Modell steht einfach als Abkürzung für Vorgehensmodell, nimmt aber auch Bezug auf die V-förmige Darstellung der Funktionsblöcke der Methode). Die folgenden Aussagen beziehen sich auf die Fassung von 1992 [VM 92]. Das V-Modell ist in vier sogenannte *Submodelle* gegliedert:

- Software Engineering (Submodell SWE),

- Qualitätssicherung (Submodell QS),

- Projektmanagement (Submodell PM) und

- Konfigurationsmanagement (Submodell KM).

Umfangreiche Beschreibungen

Über alle diese Submodelle hinweg stellt das V-Modell in umfangreichen Beschreibungen von Aktivitäten und deren Ergebnissen einen vollständigen Entwicklungsprozeß dar. Das Modell definiert in der Fassung von 1992 keine Phasen als Entwicklungsabschnitte und kennt auch keine Meilensteine. Die Entwicklung ist innerhalb der Submodelle in sauber durchnumerierte Funktionsblöcke gegliedert, die zumindest im Submodell für die Softwareerstellung (SWE) in etwa den sonst üblichen Entwicklungsphasen entsprechen.

Produktfluß

Alle Funktionsblöcke stehen über einen sogenannten *Produktfluß* miteinander in Beziehung, der ziemlich genau einem Wasserfallmodell entspricht (unter „*Produkt*" wird im V-Modell jeder Bearbeitungsgegenstand bzw. jedes Ergebnis einer Tätigkeit verstanden). Lediglich die Darstellung des Produktflusses ist etwas anders als in üblichen Wasserfalldarstellungen, wie in Bild 3 vereinfacht veranschaulicht werden soll.

Das eigentliche Kernstück dieses Modells sind eindeutig die ausführlichen Beschreibungen der jeweiligen Tätigkeiten in den Funktionsblöcken der einzelnen Submodelle, die auch wieder in Form von „Produktflüssen" dargestellt werden. Der Produktfluß für eine einzelne Tätigkeit sagt, welcher Bearbeitungsgegenstand (der sich in einem angegebenen Ausgangszustand befindet) durch die Tätigkeit in einen anderen Zustand versetzt wird, der wiederum Ausgangspunkt für eine weitere Tätigkeit ist.

Bild 3:
Produktfluß im
V-Modell

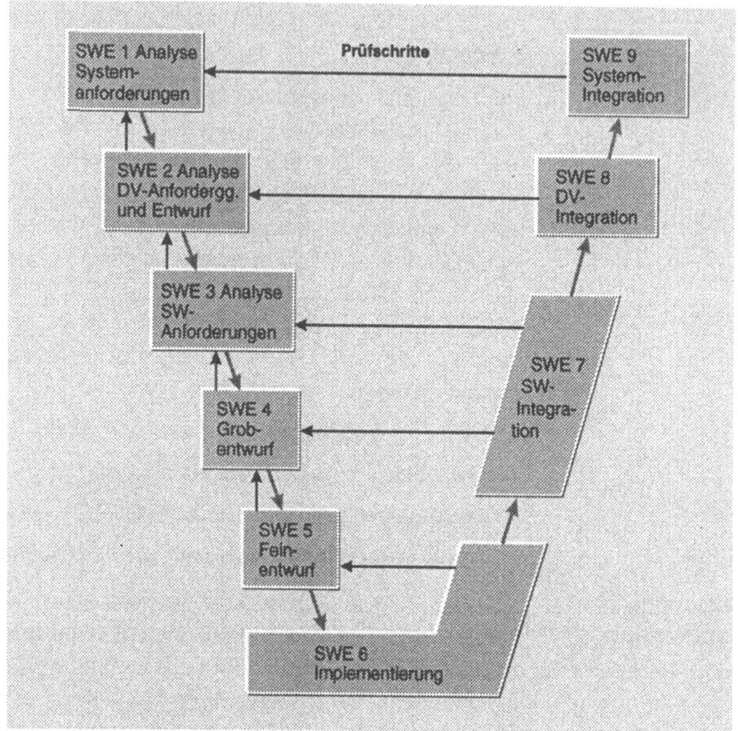

Erwartete Ergebnisse
genau definiert

Am bisher gesagten ist vielleicht schon erkennbar, daß der gesamte Inhalt des V-Modells recht ausführlich und dazu noch penibel gegliedert ausgearbeitet wurde. Dadurch ist ideal abprüfbar, was an einem bestimmten Ort im Produktfluß an Ergebnissen vorhanden sein muß: ein Umstand, der gerade im vorgesehenen Anwendungsbereich des Modells, nämlich bei den Softwaresystemen im Behördenbereich oder Wehrbeschaffungsbereich sehr geschätzt wird.

Unterschiedliche
Arten von Projekten

Jedoch auch in diesen Anwendungsbereichen (Behörden, Militär) gibt es unterschiedliche Arten von Projekten, je nachdem, welche Anforderungen an die entsprechenden Softwareprodukte gestellt werden. Dem Ansatz des voll ausgearbeiteten Modells entsprechend wurden sämtliche Arten von möglichen Projekten im V-Modell berücksichtigt.

Tailoring

Gerade wegen dieser Allgemeinheit des Ansatzes ist das V-Modell jedoch auch nicht unmittelbar auf Projekte anwendbar. Es muß zuvor ein Anpassen an den jeweiligen speziellen Projekttyp erfolgen. Dieser Anpassungsvorgang heißt in der Terminologie des V-Modells „Tailoring". Jedes Tailoring erfolgt nach

Regeln, die im V-Modell selbst definiert sind. So wird z.B. zwischen IT-Produkten mit Datenbanken und solchen ohne Datenbanken oder zwischen sicherheitsrelevanten und nicht sicherheitsrelevanten Softwareprodukten unterschieden. Dadurch entsteht *pro Projekt bzw. Projekttyp* ein *konkret anwendbares Modell,* das im sogenannten „Projekthandbuch" niedergeschrieben wird. Das so entstehende Prinzip der V-Modellanwendung ist in Bild 4 dargestellt.

Bild 4:
Tailoring des
V-Modells für
konkrete Projekte

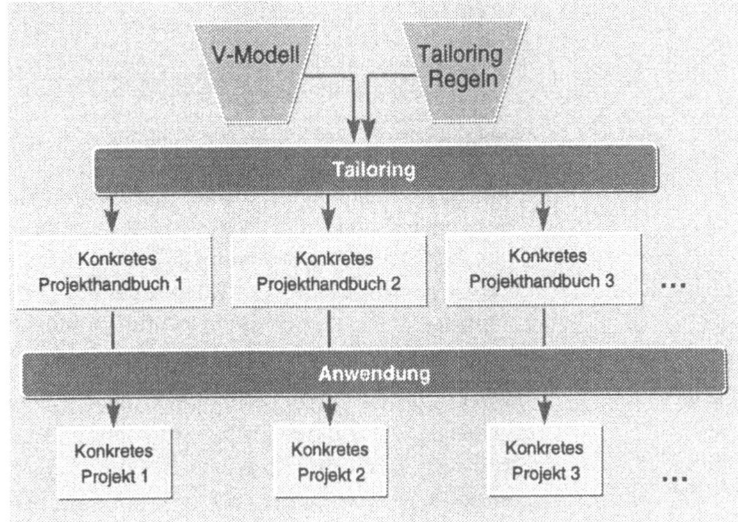

Faßt man für das V-Modell als Vertreter einer *umfangreich ausgearbeiteten Methode* wieder die signifikantesten Vorteile und Nachteile zusammen, so kommt man in etwa auf die in Tabelle 3 angegebene Beurteilung.

Tabelle 3:
Vor- und Nachteile
des V-Modells

Vorteile	*Nachteile*
Die Regelungen sind umfassend ausgearbeitet.	Für *jedes* Projekt ist ein spezifisches Projekthandbuch zu erstellen.
Es gibt eine Fülle von Erläuterungen und die Darstellung unterschiedlicher Musterprojekte.	Die Dokumentation ist so umfangreich und unübersichtlich, daß man sich nur schwer zurechtfindet.

Vorteile	Nachteile
Die genauen Vorgaben ermöglichen gutes Controlling.	Es wird wenig auf die Art der Entwicklung bzw. auf moderne Technologien eingegangen (Prototyping, objektorientierte Techniken etc.).
Die Submodelle schaffen eine klare Struktur des Gesamtmodells.	Durch Tailoring kann in Grenzfällen („unkritische" kleine Projekte) die Norm EN ISO 9001 verletzt werden.

1.3.3 SEPP

SEPP (der Name steht als Abkürzung für **S**oftware-**E**ntwicklungs-**P**rozeß-**P**lan) ist die Methode eines großen Geschäftsbereiches der Siemens AG [Siemens 94]. Sie wird hier als Beispiel für eine Methode vorgeführt, die für *ein spezielles Großprojekt* und somit für einen sehr schmalen Anwendungsbereich geschaffen wurde.

Maßgeschneidert für ein Großprojekt

Solche Methoden bedürfen meist keiner weiteren detaillierten Erklärung (etwa durch Leitfäden) oder einschränkender Zuschnitte (etwa durch Tailoring). Sie sind bereits maßgeschneidert. Dafür sind sie aber typischerweise häufig Anpassungen unterworfen, wenn sich im Bereich des betroffenen Großprojekts oder dem zutreffenden Anwendungsbereich Änderungen ergeben. Das dadurch entstehende Prinzip der Modellanwendung ist in Bild 5 dargestellt.

Bild 5:
Anwendung der Entwicklungsmethode SEPP

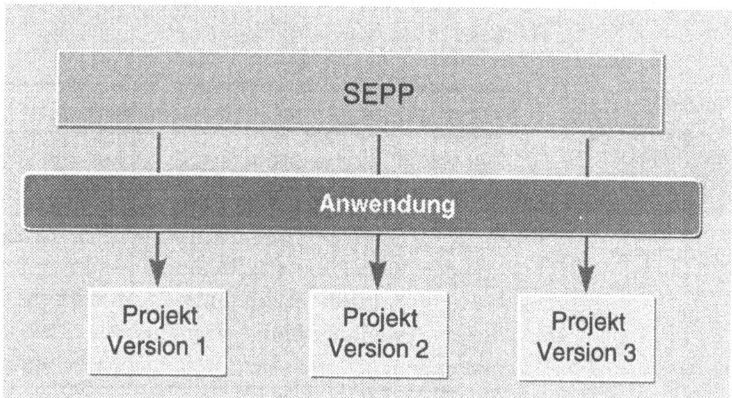

SEPP entstand 1981 und enthält ein klassisches Phasenmodell, das nach dem ebenfalls klassischen Wasserfallmodell abgearbeitet wird. Die Änderungen, denen auch SEPP regelmäßig unterworfen wurde, betrafen weitgehend nicht diesen methodischen Rahmen, sondern weit spezifischere Regelungen und Vorgaben:

- Vorschriften für die Codierung von Softwaremodulen;
- Gliederungen und Templates für Entwicklungsdokumente;
- Vorschriften für die Planung und Verwaltung von Tests und Testdaten;
- Vorschriften für die Anwendung vorgegebener Configuration Managementsysteme;
- Vorschriften für die Durchführung von Reviews etc.

Ständige Anpassungen

Durch diese ständigen Anpassungen (pro Jahr wurde etwa ein Drittel des Regelwerks ausgetauscht) konnte die Methode die Produktentwicklung im Großprojekt immer angemessen unterstützen. 1992 erfolgte eine größere Anpassung, um die Konformität zur Norm EN ISO 9001 zu erreichen, und 1996 wurde die Methode überarbeitet, um sie für den gesamten Geschäftsbereich anwendbar zu machen.

Dieser kurze Einblick in eine firmeninterne Methode soll zu erkennen geben, daß auch oder gerade bei optimaler Anpassung eines Modells an ein Projekt wieder nur mit viel Aufwand eine direkte Anwendung erreichbar ist, was vielleicht vielen nicht bewußt ist.

Obwohl die Weiterentwicklung unserer Methode SEM nie in die Richtung einer projektspezifischen Methode gedacht war, sollen der Vollständigkeit halber auch für diesen Typus von Vorgehensmodell die wichtigsten Vor- und Nachteile in Tabelle 4 einander gegenübergestellt werden.

Tabelle 4:
Vor- und Nachteile
von SEPP

Vorteile	Nachteile
Optimale Anpassung an das Projekt (oder die Domäne), auch in der Terminologie	Hoher Aufwand durch ständige Anpassung der Methode
Präzise Abstimmung auf eingesetzte Methoden (z.B. Design mit SDL) und Tools (z.B. proprietäre Compiler oder CM-Systeme)	Ständige Änderungen, mit denen die Anwender konfrontiert werden (für das Erlernen meist Selbststudium nötig)

Vorteile	*Nachteile*
Präzise Abstimmung auf die Organisationsstrukturen des Geschäftsgebietes	Probleme bei der Anwendung durch Entwicklungspartner
Keine Notwendigkeit von Tailoring und Projekthandbüchern	Keine Verwendung der Methode in anderen Projekten möglich

1.4 Die Entscheidung für SEM-VM

Als wir uns 1994 innerhalb des Programm- und Systementwicklungsbereichs der Siemens AG Österreich (PSE) an die Erneuerung unserer aus den Achtzigerjahren stammenden Systementwicklungsmethode SEM machten, stand uns der Weg für eine neue Art von Vorgehensmodell offen.

„Gesetzeswerk" nicht unmittelbar anwendbar

Ein Modell mit *Gesetzeswerkcharakter* wäre attraktiv gewesen, weil es alle jene wichtigen Auflagen explizit vorgegeben hätte, denen wir uns mit der Zertifizierung unseres Qualitätsmanagementsystems nach der Norm EN ISO 9001 verpflichtet hatten. Wie wir aber aus dem Beispiel der ESA-Methode wußten, wäre ein solches Modell ohne weitere Erklärungen und Leitlinien nicht im Projektalltag anwendbar gewesen.

Eine Ausführung als projektspezifisches Modell schied wegen des breiten Softwareentwicklungsspektrums der PSE absolut aus.

V-Modell für uns nicht attraktiv genug

So blieben die Erweiterung von SEM zum umfassenden Vorgehensmodell oder eine Ablöse von SEM durch das V-Modell. Das V-Modell, das den Vorteil eines De-facto-Standards gehabt hätte, stellte sich allerdings 1994 technologisch überhaupt nicht attraktiv dar; es war eher ein Abbild unserer existierenden Methode als ein modernes Vorgehensmodell. Vor allem das absolute Fehlen der neueren Techniken der Projektabwicklung wie Prototyping, evolutionäre Entwicklung oder Softwareanpassungsentwicklung sowie das Fehlen technologischer Neuerungen (wie etwa objektorientierte Entwicklung) ließen das V-Modell rasch als Kandidat für eine Basis unserer SEM-Weiterentwicklung ausscheiden.

Eigenes Vorgehensmodell

Nach reiflicher Überlegung entschieden wir uns dann für einen eigenen Weg, der einzelne Vorzüge der existierenden Vorgehensmodelle nutzte und bestehende Defizite vermied. Ausgangspunkt für die Erneuerung unserer Systementwicklungsmethode wurde somit ein kompaktes *eigenes* Vorgehensmodell, eben das SEM-VM, das weitgehend den Charakter eines Gesetzeswerks hat. Nur sollte nach unseren Vorstellungen dieses Vorgehensmodell nicht direkt als Vorgabe für die Durchführung von Projekten der Softwareentwicklung dienen, sondern die Ableitung von spezifischen, konkreten Methoden oder Prozeßmodellen erlauben. Erst diese sollten dann zur Anwendung bei der Projektabwicklung kommen. Diese Ableitung sollte auch nicht als eine Art von „Tailoring" erfolgen (also nur bestimmte Teile des Vorgehensmodells ausblenden), sondern wirklich eine angemessene Ausarbeitung des Vorgehensmodells zur jeweiligen konkreten Methode darstellen.

Vorteile

Diese Vorgangsweise brachte uns mehrere Vorteile:

1. Das „Gesetzeswerk" SEM-VM war im Vergleich zu unserer früheren Entwicklungsmethode nicht mehr die Vorgabe für die vielen Softwareentwickler und mußte auch nicht durch zahlreiche Leitfäden erläutert und ergänzt werden. Es war die Vorgabe für einige wenige Spezialisten, die nach Regeln, die im SEM-VM selbst definiert sind, geeignete „Ausprägungen" schaffen konnten.

2. Die Schaffung von konkreten Ausprägungen ermöglichte es uns, in den Anweisungen und Anleitungen spezifischer zu werden, ohne die gemeinsamen Prinzipien des zugrunde gelegten Vorgehensmodells zu verlieren (ein garantiert einheitliches System von Entwicklungsphasen, ein einheitliches Dokumentensystem, das ISO9001-gerechte QM-System etc.). So entstanden

   – eine Ausprägung für Projekte der betriebswirtschaftlichen Software (SEM-HL),

   – eine Ausprägung für objektorientierte Softwareentwicklung (ooSEM),

   – eine Ausprägung für allgemeine, kundenspezifische Softwareentwicklung (stdSEM) und

   – eine Ausprägung für die Entwicklung von Loadware und Firmware im Elektronikbereich (eeSEM).

3. Die entstandenen Ausprägungen konnten gezielt als Arbeitshilfe konzipiert werden, sie haben weitgehend den Charakter des gesetzlichen Regelwerks verloren. Die für breiten Einsatz vorgesehene Ausprägung stdSEM wurde z.B. vollständig als Hypertextsystem gestaltet und im Intranet von Siemens zur Verfügung gestellt (Details dazu finden sich im Kapitel 4).

4. Das beim V-Modell für *jedes Projekt* erforderliche explizite Tailoring entfällt (beim V-Modell ist zumindest eine Überprüfung des Tailoring immer notwendig); statt dessen wird für jedes Projekt die am besten passende Ausprägung von SEM gewählt. Innerhalb der Ausprägungen wird dann noch durch geeignete Auswahl von zielorientiert definierten Teilphasen beziehungsweise geeigneten Phasenablaufmodellen eine Feinanpassung an die Projektgegebenheiten ermöglicht (Details dazu finden sich im Kapitel 2).

5. Durch die Ableitung aller Ausprägungen vom gleichen zugrunde gelegten Vorgehensmodell SEM-VM wurden unnötige Unterschiede in gleichen Elementen vermieden, und die kombinierte Anwendung einzelner Ausprägungen wird deutlich erleichtert.

Resümee

Zusammenfassend ergibt die Betrachtung des SEM-VM im Vergleich zu anderen Vorgehensmodellen folgendes Resümee: Während alle anderen Vorgehensmodelle in irgendeiner Weise für die direkte Anwendung bei Softwareentwicklungsprojekten vorgesehen sind (manche mit Ergänzungen in Leitfäden, manche durch gezieltes Auswählen und Weglassen von Bestimmungen aus dem Vorgehensmodell), ist das SEM-VM einzig und allein ein präzises, aber auch sehr flexibles Regelwerk für die Ableitung entsprechender State-of-the-Art-Methoden zur Entwicklung von Software. Das bedeutet für den Entwickler, daß er sich nicht mit gesetzesähnlichen Regelwerken plagen muß, sondern mit angepaßten Methoden arbeiten kann, die ihm als Arbeitshilfen und nicht als unhandliche Manuale zur Verfügung gestellt werden.

1.5 Zusammenfassung

In diesem Kapitel wurden folgende Punkte behandelt:

- SEM-VM hat alle Eigenschaften eines Modells; es entstand durch Abstraktion vom realen Sotftwareentwicklungsprozeß.

- Existierende Vorgehensmodelle kann man grob gesprochen in drei Kategorien einteilen („Gesetzeswerke", umfangreich ausgearbeitete Modelle, maßgeschneiderte Modelle).

- Bei jeder der drei Kategorien ergeben sich Vor- und Nachteile für die Anwendung in der Praxis; das wird an Hand der Modelle PSS-05, V-Modell und SEPP gezeigt.

- Für die PSE hat sich die Schaffung spezifischer Ausprägungen auf der Basis des einheitlich vorgegebenen SEM-VM als geeignete Lösung herausgestellt.

Vom Vorgehensmodell zur konkreten Methode

2.1 Einleitung

Im folgenden wird beschrieben, wie man nach dem in Kapitel 1 beschriebenen Ansatz vom Vorgehensmodell SEM-VM durch Ableitung zu konkreten Entwicklungsmethoden für Softwareprojekte kommt. Unter Ableitung ist dabei die sinngemäße Übernahme aller verpflichtender Elemente und die Ergänzung durch jene Elemente zu verstehen, die dem Anwendungsbereich der konkreten Methode am besten entsprechen. Weil das SEM-VM nur inhaltliche Vorgaben und keine Vorgaben hinsichtlich der Texte und Formulierungen stellt, ergibt sich in diesem Schritt ein *Maximum an Anpaßbarkeit.*

Motivation: bessere Wirksamkeit

Die Motivation für das Schaffen konkreter Methoden ist in unserem Ansatz ausschließlich die bessere Wirksamkeit bei der praktischen Anwendung. Je angepaßter eine Methode ist, desto mehr Hilfestellung gibt sie. Sie ist dann nicht vordergründig eine Vorschriftensammlung, sondern stellt für den Anwender eine Anleitung zur erfolgreichen Abwicklung von Softwareprojekten dar. Dabei kann man zwischen konkreten Methoden, die man vom SEM-VM ableitet, ein *hohes Maß an Wiederverwendung* einzelner Methodenelemente erzielen (siehe Kapitel 2.3 und 2.4).

Kapitelübersicht

Im Kern dieses Kapitels soll gezeigt werden, wie man prinzipiell bei der Ableitung einer konkreten Entwicklungsmethode aus dem Vorgehensmodell SEM-VM vorgeht. Dazu wird zu Beginn kurz aufgezeigt, welche wichtigen Eigenschaften SEM-VM mitbringt, damit der Ansatz einer Ableitung überhaupt funktionieren kann. Zum Ableitungsvorgang selbst werden die wichtigsten Schritte behandelt und anschließend noch untersucht, welche Übereinstimmungen sich zwischen unterschiedlichen SEM-Ausprägungen zeigen und welche Erfahrungen wir bei der Ableitung der bisher realisierten Ausprägungen gewonnen haben.

2.2 Wichtige Eigenschaften des SEM-VM

Wie im Kapitel 1 aufgezeigt wurde, ist SEM-VM ein Vorgehensmodell, das nicht zur direkten Anwendung in Softwareprojekten geschaffen wurde, sondern die Basis für die Ableitung konkreter Methoden bildet. Es stellt sich nun die Frage, ob SEM-VM dazu spezielle Eigenschaften mitbringt, beziehungsweise welche Voraussetzungen ein Vorgehensmodell erfüllen muß, damit eine Ableitung konkreter Methoden überhaupt zufriedenstellend funktionieren kann.

Unverzichtbare Eigenschaften

Für uns in der Programm- und Systementwicklung der Siemens AG Österreich war klar, auf welche Eigenschaften wir bei methodischem Entwickeln von Software nicht verzichten konnten:

- technologisches „State of the Art",

- Konformität zur Norm EN ISO 9001,

- Ausrichtung auf „Best Practice".

Diese Eigenschaften bilden nach unseren Erfahrungen erst die Voraussetzung für ein zeitgemäßes Vorgehen bei der Softwareentwicklung. Sie sollten nicht zufällig in den abgeleiteten Methoden auftreten, sondern bereits im Vorgehensmodell. Zur Unterstützung der praktischen Ableitung konkreter Methoden mußte daher im SEM-VM für klare Vorgaben und eindeutige Übernahmebestimmungen gesorgt werden. Im folgenden soll ein kurzer Einblick in die wichtigsten der genannten Eigenschaften des SEM-VM gegeben werden; im Teil II des Buches kann nachgelesen werden, wie sie sich im entstandenen SEM-VM Handbuch darstellen.

2.2.1 Verschiedene Technologien und Techniken

Was wir hier meinen, sind vor allem Technikmodelle zur Abwicklung von Softwareprojekten (Phasenmodelle, Phasenablaufmodelle etc.). Aber auch Techniken der praktischen Softwareentwicklung sind damit eingeschlossen, wie z.B.

- visuelles, prototypisches Entwickeln,

- Anpassung vorhandener Software (Standardsoftware, wiederverwendete eigene Software etc.),

- Entwickeln in Hinblick auf Wiederverwendbarkeit.

Aus unserer (und nicht nur unserer) praktischen Erfahrung liegt in der Beherrschung gerade dieser Techniken der Schlüssel zum Erfolg in der Softwareentwicklung. Dementsprechend enttäuschend ist, daß sie fast nie in Vorgehensmodellen explizit behandelt werden (eine teilweise Ausnahme bildet das in Kapitel 1 besprochene Modell PSS-05). Im SEM-VM sind alle diese Techniken bereits berücksichtigt, eine vertiefende, praxisgerechte Behandlung erfolgt in den konkreten Ausprägungen von SEM (siehe dazu als Beispiel die Ausführungen über ooSEM im Kapitel 3).

Phasenmodell mit
Rahmenphasen

Für die Abwicklung von Softwareprojekten sind besonders Phasenmodelle und Phasenablaufmodelle wichtig. SEM-VM definiert folgende *verpflichtenden Entwicklungsphasen*:

- Initiierung,

- Definition,

- Entwurf,

- Realisierung,

- Einsatz,

- Abschluß.

Während die Phasen Definition bis Einsatz in etwa dem entsprechen, was allgemein als Entwicklungsphasen für Software angesehen wird (von der Definition der Anforderungen an das Produkt bis hin zum Einsatz des entstandenen Produkts), bilden die Phasen *Initiierung* und *Abschluß* als sogenannte *Rahmenphasen* eine Neuerung, die aus den praktischen Erfahrungen der Entwicklung in unserem Bereich entstanden ist:

- In der *Initiierungsphase* wird explizit entschieden, ob ein Softwareprojekt durchgeführt wird oder nicht, wobei zur Vorbereitung dieser Entscheidung alle zu erwartenden Risiken pflichtgemäß zu bewerten sind sowie das Projekt grob vorauszuplanen ist.

- In der *Abschlußphase* wird nicht nur für die Archivierung aller relevanten Dokumente und Daten eines abgeschlossenen Projekts gesorgt, es werden vor allem auch die Projekterfahrungen reflektiert und in einem Erfahrungsbericht erfaßt.

Fünf praxisgerechte
Phasenablaufmodelle

Während auch heute noch in den meisten Methoden zur Softwareentwicklung für die Abarbeitung der Phasen *ein* Modell, und zwar vorwiegend das sogenannte *Wasserfallmodell* unterstützt wird, bietet das SEM-VM insgesamt fünf praxisgerechte Phasenablaufmodelle an:

- Das erwähnte klassische *Wasserfallmodell,* bei dem im wesentlichen die Ergebnisse jeder Phase direkten Input für die nachfolgende Phase bilden. Dieses Modell aus den frühen Siebzigerjahren ist gut geeignet für kleine bis mittlere Projekte und klassische Entwicklungstechnik (keine visuellen Programmiertechniken).

23

- Das *Spiralmodell,* das aus dem gleichnamigen Modell von [Boehm 88] entstanden ist und durch seine umfangreichen Planungsvorkehrungen, wiederkehrenden Zielbestimmungen und fortlaufenden Evaluierungen der geplanten Entwicklungsergebnisse gut geeignet ist für sehr große Projekte, die einen langen Entwicklungszeitraum in Anspruch nehmen.

- Das *Prototypingmodell,* das vor allem die Technik des „visuellen" Entwickelns unterstützt, also das Entwickeln von Software mittels geeigneter Entwicklungsumgebungen, in denen man die erstellte Software in jedem Entwicklungszustand sofort ablaufen lassen kann.

- Das *Evolutionsmodell,* bei dem der Entwicklungsprozeß sich auf eine bereits bestehende Version einer entwickelten Software abstützt und das somit für jede Art von Versionsentwicklung, vor allem aber für die Wartung von Software das geeignete Modell darstellt.

- Das *Ausbaustufenmodell,* bei dem aufsetzend auf einem einheitlichen Systementwurf (festgelegter Architektur) mehrere Ausbaustufen der Software realisiert werden können, die unabhängig voneinander einsetzbar sind. Dieses Ablaufmodell eignet sich vorwiegend für Projekte, bei denen unterschiedliche Funktionen für unterschiedliche Anwendergruppen realisiert werden oder der Marktdruck das frühzeitige Freigeben bestimmter Leistungen der Softwarelösung erfordert.

2.2.2   Konformität zur Norm EN ISO 9001

Auch bei dieser von uns geforderten Eigenschaft eines Vorgehensmodells zur Softwareentwicklung fällt auf, daß sie bei den meisten bekannten Vorgehensmodellen keine Rolle spielt. Das heißt nicht, daß es nicht z.B. Anwender des V-Modells gibt, die ihr Qualitätsmanagementsystem nach der Norm EN ISO 9001 zertifiziert haben. Das heißt aber, daß der Großteil der in der Norm geforderten Verfahren zur Sicherstellung eines zufriedenstellenden Qualitätsmanagements außerhalb der angewendeten Entwicklungsmethode definiert werden muß und daher auch keine richtige Einheit mit ihr darstellt. Hat man dagegen die wesentlichen Elemente der Norm direkt in der Entwicklungsmethode abgebildet, so sind nur wenige zusätzliche Verfahrensdefinitionen nötig, die sinnvollerweise nicht in die Entwicklungsmethode integriert werden (etwa die Festlegung der QM-Organisation, die Definition aktueller Q-Ziele oder die Regelung des Materialeinkaufs). Damit ergibt sich eine harmonische Einordnung des Qualitätsmanagements in den Entwicklungsprozeß.

Forderungen der
Norm in SEM-VM
abgebildet

Wir haben die wesentlichsten Forderungen der Norm bereits im Vorgehensmodell SEM-VM abgebildet und damit für jede konkrete Methode, die aus ihm abgeleitet wird, eine solide Basis für die Konformität mit EN ISO 9001 geschaffen. Das betrifft vor allem die Punkte

- Vertragsüberprüfung,

- Designlenkung,

- Lenkung der Dokumente und Daten,

- Lenkung der vom Kunden beigestellten Produkte,

- Prozeßlenkung,

- Prüfungen,

- Korrektur- und Vorbeugungsmaßnahmen,

- Lenkung von Qualitätsaufzeichnungen.

Die restlichen Forderungen der Norm sind entweder nicht sinnvoll integrierbar oder bewußt nicht ausreichend festgelegt, damit sie in den abgeleiteten Methoden flexibler definiert werden können.

2.2.3 Ausrichtung auf „Best Practice"

Diese von uns für ein Vorgehensmodell zur Softwareentwicklung geforderte Eigenschaft ist wahrscheinlich ad hoc nicht verständlich. Nun, wir verstehen unter „Best Practice" die Anwendung von praktischen Verfahren und Abläufen, die im Vergleich zu anderen Praktiken nachweisbar die besten Ergebnisse liefern. Dabei kommt es uns nicht darauf an, ob wir diese Verfahren von anderen übernommen haben oder ob sich diese aus unseren eigenen Erfahrungen herausgebildet haben.

In diesem Sinne heißt für unser Vorgehensmodell zur Softwareentwicklung „Ausrichtung auf Best Practice":

- Vorgeben erprobter praktischer Verfahren und Abläufe;

- Hinweisen auf praktisch bewährte Lösungen zu Problemen der Softwareentwicklung;

- Freilassen von Verfahrensregelungen (um bei der praktischen Anwendung Freiräume für die jeweils besten Lösungen zu schaffen).

Freiräume in SEM-VM für Best Practice

Gerade die zuletzt gegebene Auslegung der Ausrichtung auf die Best Practice ist sinnvoll nur bei einem Modell wie dem SEM-VM anwendbar. Viele der so entstehenden Freiräume werden in den konkreten Methoden genutzt, weil erst dort Regelungen zuordenbar sind, die dem Ziel der „Best Practice" entsprechen.

Im SEM-VM findet sich eine Reihe von Abläufen und Verfahrensvorgaben. Beispiele dafür sind:

- Die *SEM-Projektplanung:* Hier wurde eine allgemein bekannte Vorgehensweise bei der Planung von Softwareprojekten mit Elementen angereichert, die sich aus der Praxis entwickelt und bewährt haben. Praktisch sehr wichtig sind alle Maßnahmen zum Abgleich von Vorgaben jedweder Art (Budgetvorgaben, Terminvorgaben, QS-Vorgaben) mit den Vorgaben, die zur Realisierung der Software bestehen und so klassisch den Projektablauf bestimmen („was ist zu entwickeln"). Ein weiteres Beispiel: die vorsorgende Planung von Risikomanagementmaßnahmen, die jene Bereiche der Projektabwicklung betreffen, die das Potential von Krisen tragen (Personalausfall, Betriebsmittelausfall etc.). Gleichfalls zu diesem Thema finden sich eine Reihe von Hinweisen aus der Praxis, etwa zur Methode der Ermittlung der Softwarekomplexität durch Function Points [IFPUG 94] oder den Einsatz von Netzplantechnik.

- Die bereits im Rahmen des Phasenmodells erwähnten Rahmenphasen *Initiierung* und *Abschluß.* Diese Phasen bilden in der Praxis wichtige Anschlußpunkte zu den Geschäftsprozessen, die zur Durchführung der Softwareprojekte führen. Die Entscheidung über die Durchführung eines Softwareprojekts in der Phase Initiierung z.B. ist ganz wesentlich von den vorhandenen Geschäftsprozessen und den darin enthaltenen Regelungen abhängig. Dort läßt unser SEM-VM aber auch jenen Freiraum für ergänzende Verfahren, die z.B. in einer geschäftsgebietsspezifischen Ausprägung von SEM enthalten sein können (ein Beispiel dafür bildet die im SEM-VM erwähnte Ausprägung SEM-HL, die für den Bereich der Organisationssoftware im Siemens Unternehmensbereich HL geschaffen wurde).

2.2.4   Klare Vorgaben und Übernahmebestimmungen

Wie bereits erwähnt, ermöglichen die klaren Vorgaben und Übernahmebestimmungen des Vorgehensmodells SEM-VM eine sichere Ableitung konkreter Entwicklungsmethoden. Wegen der zentralen Bedeutung sind diese Punkte im Rahmen des Einleitungskapitels des SEM-VM (Kapitel 5.4 des vorliegenden Buchs) ausführlich behandelt. Im wesentlichen mußte festgelegt werden,

- welche *Verpflichtungsgrade für Bestimmungen* des SEM-VM gelten, wie sie definiert sind und wie man sie erkennen kann;

- welche *Regeln bei der Übernahme von Bestimmungen* aus dem SEM-VM in konkrete Methoden gelten;

- welche *Regeln bei der Übernahme von Namen* aus dem SEM-VM gelten.

Verpflichtungsgrade der Bestimmungen: muß, kann, soll

Im SEM-VM werden Bestimmungen generell in drei Kategorien festgelegt, die sich auch in allen abgeleiteten Methoden in gleicher Bedeutung wiederfinden müssen:

1. als *verpflichtende Festlegung* (muß-Bestimmung): Sie erkennt man im Text an der Formulierung „*muß*". Sie muß ohne Ausnahme befolgt werden. In manchen Fällen handelt es sich dabei um eine *bedingt verpflichtende Festlegung* („bedingte" muß-Bestimmung): Sie erkennt man an der Formulierung „*muß*" und einer Bedingung, die für ihr Zutreffen erfüllt sein muß. Die Bestimmung muß immer dann befolgt werden, wenn die bei ihr angegebenen Voraussetzungen zutreffen; wenn die Voraussetzungen für die Verpflichtung nicht vorliegen, entfällt sie gänzlich oder kann eventuell auch zu einer vorgesehenen Festlegung oder Empfehlung werden.

2. als *vorgesehene Festlegung* (soll-Bestimmung): Sie erkennt man im Text an der Formulierung „*soll*". Ihre Befolgung ist im Vorgehensmodell vorgesehen; Nichtbefolgung bedarf einer Absprache mit allen Betroffenen sowie einer Begründung im Qualitätssicherungsplan des Projekts.

3. als *Empfehlung* (kann-Bestimmung): Sie erkennt man im Text an der Formulierung „*kann*". Ihre Nichtbefolgung bedarf keiner Begründung.

Regeln für die Übernahme von Bestimmungen

Alle Bestimmungen, die im SEM-VM festgelegt sind, haben definierte Auswirkungen auf die in den abgeleiteten konkreten Methoden angegebenen Bestimmungen, wobei generell gilt, daß *muß-Bestimmungen* des SEM-VM in den konkreten Ausprägungen nicht abgeschwächt werden dürfen, alle anderen Bestimmungen jedoch je nach Erfordernis sinnvoll abgeschwächt oder weggelassen werden dürfen. Diese generelle Regelung gilt dann auch bei der Anwendung einer konkreten Methode in einem Projekt. Dadurch wird unter anderem erreicht, daß die im SEM-

VM bestehende Konformität zur Norm EN ISO 9001 weder in den abgeleiteten konkreten Methoden noch in den Projekten verloren geht.

Die genauen Übernahmeregeln für SEM-Ausprägungen und für Projekte, die nach SEM-Ausprägungen durchgeführt werden, zeigen entsprechende Tabellen im SEM-VM (Tabellen 6 und 7 in Kapitel 5).

Regeln für die Übernahme von Namen

Verwendete Namen für Elemente einer konkreten Entwicklungsmethode sind von nicht zu unterschätzender Bedeutung. Sie prägen den Projektalltag der Entwickler in den Softwareprojekten genauso wie das Vokabular der Manager, der Qualitätsmanager und fallweise auch der Kunden. Gerade bei den verwendeten Namen ist es wichtig, daß sie je nach Anwendungsbereich der konkreten SEM-Ausprägung so gewählt werden können, daß sie

- möglichst bereits eingebürgerten Bezeichnungen entsprechen und

- von allen als zutreffend empfunden werden.

Dementsprechend sieht das Vorgehensmodell SEM-VM vor, daß nur wenige Namen unverändert in die Ausprägungen übernommen werden müssen:

- die Namen der Phasen und

- die Namen der Phasenablaufmodelle.

Alle anderen im Vorgehensmodell SEM-VM verwendeten Namen verstehen sich als charakterisierende Begriffe, die in den konkreten Methoden durch eigene, sprechendere oder gewohntere Namen ersetzt werden können. Damit soll zum einen ein gewisser Zusammenhalt aller SEM-Ausprägungen erreicht werden, zum anderen aber die erforderliche Flexibilität im Hinblick auf die unterschiedlichen Anwendungsbereiche erhalten bleiben.

2.3 Der Weg zur konkreten Methode

Nach der Vorstellung der wichtigsten Eigenschaften des Vorgehensmodells SEM-VM soll nun allgemein beschrieben werden, wie man durch Ableitung aus dem SEM-VM zu einer konkreten Entwicklungsmethode für einen bestimmten Einsatzbereich kommt.

Obwohl bereits vier konkrete Methoden existieren, die aus dem SEM-VM abgeleitet wurden, würde es den Rahmen des Buches sprengen, die Ableitung einer dieser Methoden hier im einzelnen zu beschreiben. Es soll vielmehr nur der *allgemeine Weg* beschrieben werden; aus bestehenden SEM-Ausprägungen werden dazu Beispiele gebracht.

Anschließend wird die Frage beleuchtet, welche Übereinstimmungen sich zwischen unterschiedlichen SEM-Ausprägungen ergeben (was macht eine Methode zu einer SEM-konformen Methode?).

2.3.1 Die wichtigsten Schritte

Die wichtigste Voraussetzung bei der Ableitung einer konkreten Methode aus dem SEM-VM ist sicherlich die Entscheidung, daß eine neue Ausprägung entstehen soll. Dazu kommt der Anstoß in der Regel aus dem Kreis des Managements oder der Qualitätsmanagementorganisation. Die Entscheidung fällt aber meist erst nach fundierter Vorbereitung durch ein kleines Fachteam, das die genauen Ziele und Vorteile einer neuen spezifischen Methode untersucht und darstellt. Die Schaffung einer konkreten SEM-Ausprägung erfolgt dann im allgemeinen in folgenden Schritten:

1. Genaue Festlegung des Anwendungsbereichs der Ausprägung

2. Bildung eines Teams zur Durchführung der Aufgabe

3. Studium bereits existierender Ausprägungen, Sichtung bestehender Regelungen

4. Entwurf der Teilphasenstruktur

5. Festlegung der Ergebnisse

6. Festlegung der Tätigkeiten pro Phase und Teilphase

7. Entscheidung über die Darstellungsform

8. Ausarbeitung der Beschreibungen aller Voraussetzungen, Tätigkeiten und Ergebnisse für alle Phasen

9. Schaffung von Hilfsmitteln wie Checklisten, Dokumentenvorlagen und Beispielen

10. Ausarbeitung eines Einführungsplans für die neu geschaffene Ausprägung.

Diese Schritte sollen im wesentlichen in der angegebenen Reihenfolge durchgeführt werden. In der Praxis hat sich jedoch bewährt,

- die Schritte 4, 5 und 6 *pro Phase* jeweils in einem Durchlauf abzuwickeln;

- die Entscheidung über die Darstellungsform der Ausprägung eventuell vorzuziehen (sie sollte quasi nur spätestens als Schritt 7 getroffen werden) und

- Schritt 8 wieder Zug um Zug für jede Phase durchzuführen.

Um zu zeigen, was hinter den einzelnen Schritten steckt, soll im folgenden auf jeden Schritt etwas genauer eingegangen werden.

Genaue Festlegung des Anwendungsbereichs der Ausprägung

Anwendungsbereich
technologisch oder
geschäftsspezifisch

Dieser erste Schritt nach der prinzipiellen Entscheidung für die Schaffung einer neuen SEM-Ausprägung ist einer der wichtigsten. Bekanntlich ist das Konzept des Vorgehensmodells SEM-VM so flexibel angelegt, daß die unterschiedlichsten Arten von Anwendungsbereichen unterstützt werden können. Wichtige Bereiche, für die es auch bereits Beispiele gibt, sind

- *technologische Anwendungsbereiche* (etwa die Technologie der objektorientierten Softwareentwicklung oder die Technologie der ASIC-Entwicklung im Elektronikbereich) oder

- *geschäftsspezifische Anwendungsbereiche* (etwa der Bereich großer Geschäftsgebiete von Siemens wie z.B. der Halbleiterbereich, der Bereich des Banken- und Versicherungswesens, der Bereich der Netzleittechnik im Energiewesen oder ähnliches).

Herausarbeitung von
Spezifika

Bei der Festlegung des Anwendungsbereichs für eine neue SEM-Ausprägung ist es besonders wichtig, daß auch wirklich jene Spezifika herausgearbeitet werden, die den Bereich ausmachen. Man kann das gut mit dem Vorgang des Analysierens und Modellierens einer Domäne vergleichen, der im SEM-VM in der Phase Definition als empfohlene Tätigkeit beschrieben ist. Es geht fast immer darum,

- die einzelnen Elemente des Anwendungsbereichs möglichst genau zu definieren,

- möglichst alle bestehenden Beziehungen darzustellen,

- typische Abläufe innerhalb des Anwendungsbereichs zu beschreiben,

- den Anwendungsbereich möglichst genau abzugrenzen (was gehört explizit *nicht* dazu ...).

Die Festlegung des Anwendungsbereichs im Sinne eines Domänenmodells kann praktisch nur durch Mitwirkung von Intimkennern des Anwendungsbereichs erfolgen. Ohne ihr Wissen ist es nicht möglich, zu brauchbaren Ergebnissen zu kommen.

Um eine Vorstellung davon zu geben, was einen Anwendungsbereich so spezifisch macht, daß eine eigene spezifische Entwicklungsmethode sinnvoll ist, sei ein Beispiel aus dem Gebiet der Netzleittechnik im Energiebereich genannt.

Hier existiert ein geeignet gestaltetes, im Geschäftsgebiet selbst entwickeltes Standard-SW-Produkt, das als Basis für jede kundenspezifische Softwarelösung dient. In einem konkreten Projekt wird also z.B. aufgrund einer vorliegenden Ausschreibung erhoben, welche geforderten Leistungsmerkmale bereits im Standardprodukt abgedeckt sind und welche individuell als Projektlösung hinzugefügt werden müssen. Dieser Vorgang ist ein typischer Ablauf in diesem Anwendungsbereich. Parallel dazu läuft aber ein anderer Prozeß: Über die einzelnen Projekte hinweg wird beobachtet, welche Leistungsmerkmale so häufig vorkommen, daß es lohnt, sie in das Standardprodukt zu integrieren. Wird eine Integration beschlossen, so läuft ein Entwicklungsprozeß für das Standardprodukt an, der z.B. ganz wesentliche Schwerpunkte in der Qualitätssicherung der Entwicklung hat (das Standardprodukt muß garantiert eine stabile Basis für alle Projekte bleiben).

Beispiel Netzleittechnik *(Randnotiz)*

Bildung eines Teams zur Durchführung der Aufgabe

Das Team zur Ableitung einer konkreten Entwicklungsmethode aus dem Vorgehensmodell wird sich in der Praxis aus dem kleinen Fachteam herausbilden, das bereits bei der Entscheidungsvorbereitung für das Entstehen der neuen Ausprägung vom Management eingesetzt wurde. Bei der Bildung des Teams ist zu beachten, daß möglichst alle Teammitglieder

- ausreichendes Know-how des Anwendungsbereichs besitzen,

- praktische Erfahrung aus der Abwicklung von Softwareprojekten besitzen,

- ausreichend gut das SEM-VM kennen,

- Texte gut formulieren können,

- ein wenig graphisches Design beherrschen und

- besonders teamfähig sind.

Bringt nicht jedes Teammitglied alle diese Fähigkeiten mit, so sollten diese wenigstens über das Team verteilt vorhanden sein.

Know-How über Publishing-System wichtig *(Randnotiz)*

Spätestens nach der Festlegung der Darstellungsform für die neue SEM-Ausprägung sollte auch mindestens ein Teammitglied ein Spezialist für das verwendete Publishingsystem sein (also etwa ein Intimkenner des entsprechenden Textverarbeitungssystems bei der Darstellung als Handbuch oder ein Kenner des entsprechenden Autorensystems bei Anwendung elektronischer Darstellungsmedien wie etwa als HTML-Dokument). Mit der simplen Anwendung des Publishingsystems sollten alle Teammitglieder vertraut sein.

Studium bereits existierender Ausprägungen, Sichtung bestehender Regelungen

Alle schon existierenden Ausprägungen sollten studiert werden. Sind mehrere Ausprägungen vorhanden, kann je ein Teammitglied eine konkrete Methode zum Studium übernehmen. Ziel dieses Schrittes ist nicht die unmittelbare Auffindung wiederverwendbarer Elemente, sondern *der Aufbau von Wissen*, damit später Entscheidungen über die Wiederverwendung von ganzen Elementen, Textpassagen oder einzelnen Formulierungen leichter getroffen werden können. Auch bezüglich der Darstellungsform und dabei verwendeter Elemente kann das Studium nützlich sein.

Darüberhinaus ist es wichtig, alle Regelungen zu sichten, die in irgend einer Form bereits im betreffenden Anwendungsbereich vorliegen.

Entwurf der Teilphasenstruktur

Dieser Schritt ist der erste, der spezifisch auf die zu schaffende Entwicklungsmethode (SEM-Ausprägung) ausgerichtet ist. Die Qualität seiner Durchführung prägt auch ganz wesentlich die Tauglichkeit der entstehenden Ausprägung. Daß es lediglich um die spezifische Festlegung von Teilphasen geht, hat seinen Grund darin, daß die Phasenorganisation selbst sowie die Phasenbezeichnungen unverändert aus dem SEM-VM übernommen werden müssen (wie in Kapitel 2.2.4 besprochen).

Teilphasen klammern innerhalb einer Phase Tätigkeiten, die auf ein gemeinsames Ziel ausgerichtet sind und strukturieren auf sinnvolle Weise einzelne Phasen. Die Durchführung einer Teilphase ist bei der Anwendung der Entwicklungsmethode nur dann erforderlich, wenn das in der Teilphase angegebene Ziel auch bei der Anwendung im konkreten Projekt erreicht werden muß. Ein gutes Beispiel dafür stellt die Teilphase *Angebotserstellung* dar, die in der Definitionsphase der Methode stdSEM vorgesehen ist. Sie ist offensichtlich nur dann zu durchlaufen, wenn im konkreten Projekt auch ein Angebot gefordert ist. Und obwohl diese Teilphase als letzte angegeben ist, kann sie durchaus als erste oder einzige Teilphase in der Phase Definition durchgeführt werden.

Teilphasen sind in SEM-VM überhaupt nicht festgelegt, es gibt innerhalb der einzelnen Phasen lediglich Anregungen, welche Teilphasen möglicherweise sinnvoll sein könnten (z.B. findet sich zur Phase Einsatz der Hinweis, daß die Teilphasen *Pilotbetrieb* und *Betrieb* sinnvoll sein könnten). Durch den so entstehenden Freiraum stehen für spezifische Entwicklungsmethoden alle Möglichkeiten offen, die Entwicklungsphasen entsprechend den Anforderungen des gegebenen Anwendungsbereichs geeignet zu strukturieren. Sinnvoll festgelegte Teilphasen erleichtern wesentlich die nachfolgende Zuordnung der Tätigkeiten in den Phasen.

Festlegung der Ergebnisse

Die meisten im Laufe des Entwicklungsprozesses von Software entstehenden Ergebnisse sind Entwicklungsdokumente und Pläne. Wichtige Ergebnisse werden im Vorgehensmodell SEM-VM nur über *global festgelegte inhaltliche Aussagen* definiert. Bei der Schaffung einer spezifischen Entwicklungsmethode ist aber für jedes Entwicklungsdokument und jedes Planungsdokument eine genaue und dem Anwendungsbereich der Methode angemessene *Kapitelstruktur* festzulegen. Parallel dazu sollten auch gleich Checklisten angelegt werden, die Anregungen dazu geben, was in den einzelnen Kapiteln angegeben bzw. ausgesagt werden soll (in der Ausprägung stdSEM wurden Checklisten gleich als *kommentierte Inhaltsverzeichnisse* der jeweiligen Dokumente angelegt). Die Festlegungen erfolgen sinnvollerweise pro behandelter Phase/Teilphase der Ausprägung.

Festlegung der Tätigkeiten pro Phase und Teilphase

Im Vorgehensmodell SEM-VM sind pro Phase nur die wichtigsten Tätigkeiten angegeben und beschrieben. Bei der Ausarbeitung einer spezifischen Methode sind diese Tätigkeiten zu prüfen, ggf. zu übernehmen, zu detaillieren bzw. zu ergänzen und auf die festgelegten Teilphasen abzubilden.

Entscheidung über die Darstellungsform

Neben der klassischen Form der Darstellung in Handbüchern bieten sich heute auch elektronische Darstellungen an, etwa im Format für den Adobe Acrobat Reader oder als HTML-Files, die auf WWW-Servern gehalten werden (Kapitel 4 dieses Buchs beschreibt die Spezifika der vollständig als Hyperdokument in einem Web dargestellte Ausprägung stdSEM).

Spätestens vor der Ausarbeitung detaillierter Beschreibungen aller Voraussetzungen, Tätigkeiten und Ergebnisse für alle Phasen sollte entschieden werden, in welcher Form die im Entstehen befindliche spezifische Entwicklungsmethode dokumentiert bzw. dargestellt werden soll, damit die Erfassung der Texte bereits in den jeweils entsprechenden Autorensystemen erfolgen kann. Will man die Methode so wie in Kapitel 4 beschrieben in einem Hyperdokument darstellen, so nimmt diese Entscheidung auch wesentlichen Einfluß auf die Gestaltung der Texte.

Ausarbeitung der Beschreibungen aller Voraussetzungen, Tätigkeiten und Ergebnisse für alle Phasen

Wie bereits beschrieben, werden bei der Ausarbeitung einer spezifischen Methode Tätigkeiten des Vorgehensmodells SEM-VM übernommen, ergänzt oder detailliert. Für alle Tätigkeiten müssen im Vergleich zum SEM-VM umfangreichere Beschreibungen und Erläuterungen verfaßt werden, damit die Anwendung bei der Durchführung konkreter Projekte ausreichend gut unterstützt ist. Dazu empfiehlt es sich auch noch im Sinne des Ziels der „Best Practice" eine Reihe von Tips, Werkzeugempfehlungen und Antworten auf „Frequently Asked Questions" zu geben.

Schaffung von Hilfsmitteln wie Checklisten, Dokumentenvorlagen und Beispielen

Auch dieser Schritt der Ausarbeitung einer konkreten Methode erfordert viel Aufwand, der aber letztlich lohnt, weil gerade die Hilfsmittel jene Nähe zu den Projekten schaffen, die eine erfolgreiche Entwicklungsmethode aufweisen soll. Bei den Dokumentenvorlagen sollten die gängigsten Textverarbeitungssysteme unterstützt werden (in unseren SEM-Ausprägungen werden zumindest Word von Microsoft, im stdSEM auch das Produkt FrameMaker der Frame Technology Corporation unterstützt). Bei Beispielen für Dokumente und Pläne empfiehlt es sich, möglichst Vorlagen aus realen Softwareprojekten zu verwenden, die dann entsprechend an die aktuelle SEM-Ausprägung angepaßt bzw. aus Datenschutzrücksicht verfremdet werden.

Ausarbeitung eines Einführungsplans für die neu geschaffene Ausprägung

Die beste Software-Entwicklungsmethode, mag sie noch so angepaßt an bestimmte Anwendungsbereiche sein, wird nicht erfolgreich eingesetzt werden, wenn nicht entsprechende Einführungsmaßnahmen geplant und dann auch umgesetzt werden. Während die Umsetzung typischerweise durch das Qualitätsmanagement oder im Bereich von Schulungsabteilungen erfolgt, ist die Planung der richtigen Maßnahmen noch gut bei dem Team angesiedelt, das die Methode ausgearbeitet hat.

2.3.2 Übereinstimmungen der von SEM-VM abgeleiteten Methoden

Eine interessante Frage ist, inwieweit sich bei Beachtung aller Übernahmebestimmungen trotz teilweise stark differierender Anwendungsbereiche zwischen den von SEM-VM abgeleiteten Methoden *Übereinstimmungen* ergeben (anders formuliert: Ist jede SEM-Ausprägung deutlich als solche zu erkennen?).

Übereinstimmungen relativ groß

Um die Antwort gleich vorwegzunehmen: Es *gibt deutliche Übereinstimmungen*, selbst dann, wenn man „technologiespezifische" Ausprägungen (stdSEM, eeSEM, ooSEM) mit „geschäftsspezifischen" Ausprägungen (SEM-HL) vergleicht. Oberflächlich betrachtet würde man erwarten, daß nur

- die Phasenorganisation und

- die Phasenablaufmodelle

mit den aus dem SEM-VM unverändert übernommenen Namen in allen SEM-Ausprägungen als Gemeinsamkeiten erkennbar sind (wie in Kapitel 2.2.4 dargestellt, sind das verpflichtende Vorgaben aus dem SEM-VM). Tatsächlich entstehen zwischen den Ausprägungen viel mehr Übereinstimmungen durch all jene Bestimmungen, die vom Vorgehensmodell her verpflichtend vorgegeben werden und in den Ausprägungen nicht unterschiedlich gelöst werden. Das betrifft vor allem die meisten Tätigkeiten und Ergebnisse aus den Bereichen

- des Projektmanagements und

- der Qualitätssicherung.

Erstaunlich ist, daß auch im Bereich der technischen Ergebnisse viele Übereinstimmungen bestehen. Ein Beispiel dafür findet sich im Kapitel 3, wo die Thematik der Entwicklung objektorientierter Software nach SEM beleuchtet wird.

Umfangreiche
Wiederverwendung
möglich

Durch all diese Übereinstimmungen ergibt sich die Möglichkeit für *umfangreiche Wiederverwendung* auch der Beschreibungstexte und der Dokumentenvorlagen in den SEM-Ausprägungen. Dies ist auch der Grund für die Empfehlung, bei der Ableitung einer neuen SEM-Ausprägung vom SEM-VM frühzeitig alle bereits vorliegenden Ausprägungen zu studieren. Insgesamt entsteht dadurch in allen Ausprägungen ein Stil, der durchaus ein *SEM-Stil* genannt werden kann.

2.4 Erfahrungen aus der Erstellung der bereits vorliegenden SEM-Ausprägungen

Im Zuge der Erstellung der konkreten Methoden, die alle aus dem SEM-VM abgeleitet wurden, haben wir einige wichtige Erfahrungen gewonnen, die für jeden interessant sein können, der versuchen will, aus dem SEM-VM (das ja im Teil II dieses Buchs vollständig vorliegt) eine konkrete Methode abzuleiten. Deshalb sind hier kurz die wichtigsten Erfahrungen dargestellt:

1. Es ist besonders wichtig, die richtigen Fachleute mit den oben beschriebenen Eigenschaften (Domänen-Know-how, SW-Projekterfahrung, gute Formulierungsfähigkeit, Begabung für graphisches Design, Teamfähigkeit) zur Verfügung zu haben. Dabei ist es viel wichtiger, *wirklich die richtigen Mitarbeiter* für das Team zu gewinnen als alle Teammitglieder „fulltime" zur Verfügung zu haben. Ein Nachteil der nicht immer gegebenen Verfügbarkeit von Spezialisten ist, daß die Ableitung der konkreten Methode nicht wirklich als Projekt mit sauberer Terminplanung abgewickelt werden kann. Im Gegenzug steigt jedoch die Wahrscheinlichkeit enorm, ein gutes und brauchbares Ergebnis zu erhalten.

2. Zur Durchführung der Schritte 5, 6 und 8 (Festlegung und Formulierung des Inhalts der Methode) ist nicht nur eine gute Kenntnis des vorgesehenen Anwendungsbereichs der Ausprägung, sondern vor allem *ausreichende Praxiserfahrung aus realen Projekten der Softwareentwicklung* erforderlich. Ist diese Bedingung nicht erfüllt, läuft man große Gefahr, eine „hohle", formalistische Methode zu erhalten.

3. Ergebnisdokumente und zugehörige Checklisten und Dokumentenvorlagen sollten *intensiv reviewt* werden. Der Grund dafür ist, daß diese Teile aus der Entwicklungsmethode bei der Anwendung unmittelbar in die Projekte übernommen werden oder in diese hineinwirken. Damit stehen sie für die

Anwender quasi „in der Auslage" und beeinflussen so wesentlich die Akzeptanz der gesamten Entwicklungsmethodik.

4. Sowohl bei den Inhalten als auch bei der Gestaltung einer neuen SEM-Ausprägung kann in vielfältiger Weise Wiederverwendung erfolgen. Werden für die Darstellung elektronische Formen gewählt, empfiehlt sich jedoch, jeweils die besten gerade verfügbaren Mittel zu wählen. Das heißt z.B. bei Darstellung in Form von HTML-Dokumenten in Web-Sites, daß sowohl die verwendeten Autorensysteme als auch die ausgewählte Servertechnik eher dem letzten Stand der Technik entsprechen sollten als von einer bestehenden Ausprägung übernommen werden.

5. Darstellung und graphische Aufbereitung der Inhalte einer SEM-Ausprägung sind sehr wichtig und bestimmen den Erfolg der Anwendung zu einem großen Teil. Sie müssen allerdings der Übersichtlichkeit dienen und dürfen nicht als vordergründiger Selbstzweck empfunden werden.

2.5 Zusammenfassung

In diesem Kapitel wurden folgende Punkte behandelt:

- SEM-VM unterstützt unterschiedliche Technologien und Techniken, ist konform zur Qualitätsnorm EN ISO 9001 und besitzt eine starke Ausrichtung auf „Best Practice". Dadurch und durch die Vorgabe klarer Bestimmungen wird die Ableitung konkreter Entwicklungsmethoden erst richtig ermöglicht.

- Bei der Ableitung einer konkreten Methode aus dem SEM-VM empfiehlt es sich, bestimmte Schritte einzuhalten, die von der genauen Festlegung des Anwendungsbereichs der neuen Methode bis zu Begleitmaßnahmen für ihre Einführung reichen.

- Aus den wichtigsten Erfahrungen, die wir bei der Ableitung von vier konkreten SEM-Methoden gewonnen haben, kann jeder profitieren, der ein ähnliches Vorhaben durchführen will.

3 Objektorientierte Softwareentwicklung gemäß dem Vorgehensmodell SEM-VM

3.1 Einleitung

Nachdem SEM-VM anderen Vorgehensmodellen gegenübergestellt und der Weg zur konkreten Ausprägung einer Methode gemäß SEM-VM aufgezeigt wurde, wollen wir uns einer heute sehr aktuellen Problematik zuwenden: der *objektorientierten* Softwareentwicklung. In diesem Buch geht es uns klarerweise nicht um eine allgemeine Erörterung dieses komplexen Themas, sondern speziell darum, wie man gemäß SEM-VM objektorientiert entwickeln kann und unserer Meinung nach auch soll.

ooSEM

Eine konkrete Methode für objektorientierte Softwareentwicklung gemäß SEM-VM ist ooSEM, unsere eigene Ausprägung in der Siemens AG Österreich. Eine vollständige Behandlung dieser Methode würde den Rahmen dieses Buches sprengen, wir wollen aber wesentliche Probleme in diesem Kontext so behandeln, wie wir sie für die Erstellung von ooSEM gelöst haben.

Kapitelübersicht

Dieses Kapitel ist folgendermaßen aufgebaut. Zuerst besprechen wir kurz objektorientierte Methoden für die Softwareentwicklung. Dann diskutieren wir einige wichtige Aspekte hinsichtlich Phasen und Phasenablauforganisation bei objektorientierter Softwareentwicklung gemäß SEM-VM, wobei wir auch einen von uns entwickelten Ansatz für Prototyping als Phasenablauforganisation erörtern. Danach gehen wir auf das Planen und Durchführen von objektorientierten Projekten gemäß SEM-VM ein und zuletzt auf Fragen bezüglich der Dokumentation bei objektorientierter Softwareentwicklung gemäß SEM-VM.

3.2 Objektorientierte Methoden für die Softwareentwicklung

Im folgenden wollen wir eine *grobe* Übersicht über die wesentlichen Aspekte objektorientierter Methoden geben, um dieses Kapitel unseres Buches auch für Leser verständlich zu machen, die sich noch nicht oder nicht viel mit objektorientierter Softwareentwicklung auseinandergesetzt haben. Leser, die bereits mit objektorientierten Methoden vertraut sind, können diesen Abschnitt auch überspringen.

Objektorientierte
Methoden

Eigentlich ist es eine grobe Verallgemeinerung, einfach von „objektorientierten Methoden" zu sprechen, da es eine Vielzahl davon gibt, z.B. [Booch 94, Coleman *et al.* 94, Jacobson *et al.* 92, Rubin & Goldberg 92, Rumbaugh *et al.* 91, Shlaer & Mellor 92, Wirfs-Brock *et al.* 90] (weitere Zitate sind etwa in [Kaindl 97] zu finden). Sie unterscheiden sich in einigen Merkmalen und in der Sicht der Modellierung. In diesem Sinn gibt es auch einige vergleichende Studien und Gegenüberstellungen in bezug auf objektorientierte Merkmale wie z.B., ob sie *Mehrfachvererbung* unterstützen (siehe z.B. [de Champeaux & Faure 92]). Ein derartiger Vergleich ist *nicht* der Sinn dieses Abschnitts, da er den Rahmen dieses Buches sprengen und seinen eigentlichen Fokus verändern würde. Im folgenden sollen deshalb Unterschiede nur auf einer sehr hohen Abstraktionsebene bezüglich der Darstellung von Modellen und bezüglich des Entwicklungsprozesses diskutiert werden. Ungeachtet solcher Unterschiede kann praktisch jede solche objektorientierte Methode im Rahmen von ooSEM eingesetzt werden.

„Methoden"

Im Vergleich zu unserer „Methode" in SEM-VM handelt es sich bei diesen objektorientierten „Methoden" offensichtlich nicht um das Gleiche. SEM-VM kümmert sich großteils um ganz andere Aspekte als solche Methoden, weshalb wir im folgenden primär auf den komplementären Nutzen eingehen werden. Bei diesem Vergleich kommt es somit auf die Unterschiede der einzelnen objektorientierten Methoden nicht so stark an. Deshalb können wir in diesem Kontext doch mehr oder weniger gerechtfertigt von *den* objektorientierten Methoden sprechen. Sie beschreiben primär OOA *(Objektorientierte Analyse)* und OOD *(Objektorientiertes Design)*, während OOP *(Objektorientiertes Programmieren)* in eigener Literatur umfassend behandelt wird.

3.2.1   Objektorientierte Modelle

Ein zentrales Anliegen praktisch aller objektorientierten Methoden ist das *Modellieren*. Die dabei entstehenden Modelle müssen irgendwie dargestellt werden, und gerade dabei gibt es so manchen Unterschied bzw. mittlerweile auch einen Erfolg bezüglich Standardisierung.

OOA

Im Rahmen von OOA werden Modelle der Domäne, d.h. des Anwendungsgebiets erstellt. Das sind in dem Sinn Modelle, daß sie von Details abstrahieren, die für die konkrete Anwendung nicht von Bedeutung sind. Z.B. ist für ein Programm, das mit der bloßen Anordnung von Möbeln in einem Raum zu tun hat, die Größe etwa eines Objekts „Tisch" wichtig (und somit vermutlich ein *Attribut*), jedoch weniger sein Preis. Allgemein entstehen bei OOA Modelle sowohl aus statischer als auch aus dynamischer Sicht, wobei man die Zusammenfassung aller im Rahmen von OOA entstehenden Modelle oft als OOA-Modell bezeichnet. Leider ist bei den meisten objektorientierten Methoden nicht sehr deutlich erkennbar, ob ein solches OOA-Modell ein *Ist*-Modell oder ein *Soll*-Modell darstellt. Viele objektorientierte Methoden meinen implizit letzteres, während etwa in [Davis 95] offensichtlich ersteres darunter verstanden wird, weil nach dieser Sicht das zu erstellende Softwaresystem *nicht* im Domänenmodell vorkommt. Im Gegensatz dazu geht es in einem OOA-Modell als Soll-Modell primär darum, wie das zu erstellende Softwaresystem aus einer *externen* Sicht in seine Umgebung (Domäne) eingebettet sein soll.

OOD

Im Rahmen von OOD werden ganz im Gegensatz dazu Modelle des zu erstellenden Softwaresystems aus einer *internen* Sicht erstellt. Das sind in dem Sinn Modelle, daß sie (noch) von den Details der erst zu programmierenden Software abstrahieren. Die Zusammenfassung aller im Rahmen von OOD entstehenden Modelle wird analog zu OOA oft als OOD-Modell bezeichnet. Es sollte aber eigentlich klar sein, daß OOA- und OOD-Modelle ganz unterschiedliche „Objekte" darstellen, nämlich solche der Domäne bzw. der zu erstellenden Software.

Darstellung von objektorientierten Modellen

Ein faszinierender Aspekt von objektorientierten Methoden ist, daß sie für OOA- und OOD-Modelle die gleichen Darstellungsformen verwenden. Meist sind dies primär Diagramme, die aus irgend einer Sicht Objektklassen (geeignete Zusammenfassungen von Objektinstanzen) und deren Beziehungen untereinander darstellen. Während innerhalb weniger Jahre eine wahre Vielfalt entsprechender Diagramm-Notationen entwickelt wurde, gibt es mittlerweile einen Erfolg bezüglich Standardisierung in Form einer „Unified Modeling Language" (UML). Diese beruht vor allem auf den in [Booch 94, Jacobson *et al.* 92, Rumbaugh *et al.* 91] vorgeschlagenen Notationen, und die jeweils aktuelle Version kann unter „http://www.rational.com/uml" im World-Wide Web (WWW) gefunden werden. Während also für die Darstellung von objektorientierten Modellen primär Diagramme Verwendung finden, so gibt es auch (mehr als Ausnahme) Vorschläge für strukturierte textuelle Darstellungen (siehe etwa [Wirfs-Brock *et al.* 90]).

Modelle allein unzureichend

Diese Darstellungsformen der objektorientierten Methoden und insbesondere Diagramme entsprechend der UML haben sehr gute Eigenschaften dahingehend, daß sie für viele Menschen leichter zu verstehen sind als mathematisch formale Notationen und doch wesentlich exakter als übliche natürliche Sprache. Allerdings reicht unseres Erachtens das Darstellen solcher Modelle in der Praxis der Softwareentwicklung nicht aus, da sie nicht umfassend genug sind. Wie wir unten noch bezüglich der Phase Definition von SEM-VM erörtern, sind z.B. Anforderungen vom Anwender meist nicht explizit dargestellt und mit dem OOA-Modell verknüpft.

Von OOA zu OOD

Auch die gleichartige Darstellung von OOA- und OOD-Modellen birgt eine Gefahr in sich. Sie verschleiert, daß es sich in diesen Modellen um grundlegend verschiedene Objekte handelt. Viele objektorientierte Methoden suggerieren darüber hinaus, daß der Übergang von OOA nach OOD sehr einfach sei, etwa indem man den Objektklassen im OOA-Modell Attribute hinzufügt und sie einfach ins OOD-Modell übernimmt. Dieser Ansicht wird in [Davis 95] deutlich widersprochen, und wir schließen uns der dort argumentierten Meinung an, daß der Übergang von OOA nach OOD entgegen vielfacher Behauptung *nicht* einfach ist. Man kann zwar das OOA-Modell als Anhaltspunkt dafür nehmen, welche Objektklassen im OOD-Modell definiert werden sollen. Dies muß aber für jede Objektklasse genau geprüft werden. Außerdem muß man sich dabei genau überlegen, was dabei eigentlich passiert. Deshalb enthält ooSEM entsprechende Hinweise für den Übergang von OOA nach OOD.

3.2.2   Entwicklungsprozeß

Verschiedene Aspekte des Entwicklungsprozesses über den gesamten Life Cycle erörtern wir unten mit spezieller Berücksichtigung von objektorientierter Entwicklung im Rahmen von SEM-VM, wobei die Unterschiede zwischen verschiedenen objektorientierten Methoden nicht so wichtig sind. Solche Prozesse sind in den objektorientierten Methoden meist nicht genau definiert, und es werden sogar mehr oder weniger beliebige Zyklen zwischen OOA, OOD und OOP vorgeschlagen. Während ein solcher Entwicklungsprozeß nach industriellen Gesichtspunkten schwer kontrollierbar ist, bietet SEM-VM einen geordneten Rahmen.

Entwicklungsprozeß innerhalb von OOA

Es gibt interessante Unterschiede verschiedener objektorientierter Methoden im Entwicklungsprozeß *innerhalb* von OOA. Die meisten Methoden schreiben spezifisches Vorgehen vor, das aber meist sehr einseitig ist. Zum Beispiel wird entsprechend [Rumbaugh *et al.* 91] immer mit einem statischen Modell begonnen und erst danach zur Modellierung dynamischer Zusammenhänge übergegangen. Im Gegensatz dazu wird entsprechend [Jacobson *et al.* 92] immer mit dynamischen Modellen (in Form von „Use Cases") begonnen und danach ein statisches Modell erstellt. Unserer Meinung nach sollte das jeweilige Vorgehen flexibel je nach den Eigenschaften der konkreten Problemstellung gewählt werden. Eine Möglichkeit dafür im Rahmen von objektorientierter Entwicklung gemäß SEM-VM ist die, sich im Projekt je nachdem die geeignete objektorientierte Methode auszusuchen.

3.3   Phasen bei objektorientierter Softwarentwicklung gemäß SEM-VM

Phasen sind ein zentrales Konzept von SEM-VM, und für Ausprägungen von SEM-VM ist eine Phasenorganisation verpflichtend. Bild 6 gibt analog zu den entsprechenden Übersichtsbildern in Teil II eine Übersicht über diese Phasen. Es mag sich jedoch die Frage stellen, wie bzw. inwieweit diese Phasen bei objektorientierter Entwicklung mit den üblichen objektorientierten Methoden kompatibel sind. Dies ist insbesondere deshalb interessant, da in den objektorientierten Methoden Phasen in dieser strikten Auslegung nicht üblich sind. Wir erörtern diese Frage im folgenden, indem wir die Phasen von SEM-VM entsprechenden „Phasen" der objektorientierten Methoden gegenüberstellen. Konkreter vergleichen wir im Anschluß die Phase *Definition* mit OOA und zeigen, daß OOA im Rahmen der Phase Definition durchgeführt werden kann. Die eigentliche Problematik erschöpft sich allerdings nicht in der Durchführung der *einzelnen* Phasen, sondern erfordert für objektorientierte Entwicklung geeignete Formen der Phasenablauforganisation. Von den fünf in SEM-VM definierten Phasenablauforganisationen ist in diesem Kontext insbesondere das hier eingeführte Modell für *Prototyping* interessant, weshalb wir dessen Eignung für objektorientierte Entwicklung speziell diskutieren.

Bild 6:
SEM-VM Phasenübersicht

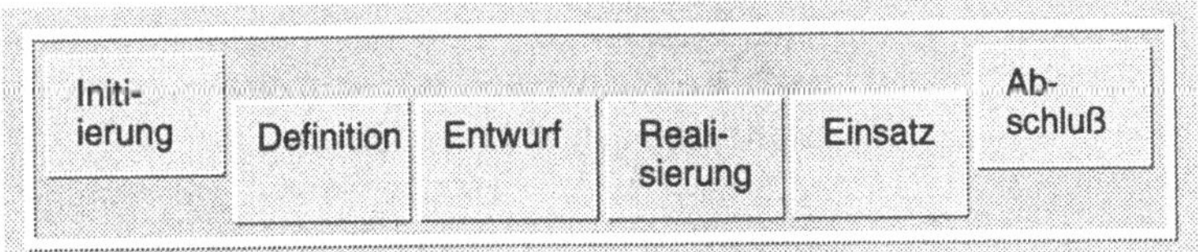

3.3.1 Gegenüberstellung entsprechender Phasen

Da die Rahmenphasen *Initiierung* und *Abschluß* gemäß SEM-VM in dieser expliziten Form neu sind, gibt es auch in den objektorientierten Methoden kein Pendant. Dies verwundert auch deshalb nicht, da in diesen Methoden der Schwerpunkt primär auf der technischen Entwicklung liegt, die in diesen Phasen von SEM-VM nicht im Vordergrund steht. Aber auch für die Phase *Einsatz* von SEM-VM konnten wir keine klare Entsprechung finden. Hingegen ist es zumindest auf einer gewissen Abstraktionsebene und im Hinblick auf die *technischen* Tätigkeiten und Ergebnisse möglich, die Phasen *Definition*, *Entwurf* und *Realisierung* gemäß SEM-VM entsprechenden „Phasen" der objektorientierten Methoden gegenüberzustellen (siehe Tabelle 5).

Tabelle 5:
Entsprechende
Phasen

Objektorientierte Methoden	OOA	OOD	OOP, OOT
SEM-VM	Definition	Entwurf	Realisierung

OOA und die
Phase Definition

Die Phase *Definition* gemäß SEM-VM umfaßt grundsätzlich das, was bei der Durchführung von OOA üblicherweise getan wird, auch wenn dies aufgrund der Bezeichnungen „Definition" bzw. „Analyse" nicht auf den ersten Blick zu sehen ist. Die Phase Definition hat unter anderem das Ziel, daß nach ihrer Durchführung die *Anforderungen definiert* sind. Die Bezeichnung „Objektorientierte Analyse" hingegen wurde historisch analog zur Bezeichnung „Strukturierte Analyse" eingeführt und streicht den Unterschied zur Phase „Objektorientiertes Design" heraus, in der das zu erstellende Softwaresystem entworfen wird. Vor dem Entwerfen soll das Problem und die Domäne *analysiert* werden, was in der Phase Definition von SEM-VM ebenfalls vorgesehen ist, wenn auch nicht unbedingt speziell aus objektorientierter Sicht. Gemäß SEM-VM ist in der Phase Definition allerdings auch technisch mehr zu tun, aber das gilt genau genommen auch für OOA. Da diese Gegenüberstellung von OOA mit der Phase Definition offensichtlich nicht ganz trivial ist, wird sie weiter unten in einem eigenen Abschnitt detaillierter diskutiert.

OOD und die
Phase Entwurf

Die Phase *Entwurf* gemäß SEM-VM umfaßt ziemlich exakt das, was in den meisten objektorientierten Methoden unter OOD verstanden wird. Dies scheint schon aufgrund der Bezeichnungen „Entwurf" bzw. „Design" mehr oder weniger klar zu sein. Allerdings gibt es Ausnahmen, wie etwa die objektorientierte Methode von [Jacobson *et al.* 92], in der unter der Bezeichnung „Analysis Model" ein Ergebnis verstanden wird, das bei den anderen Methoden im Rahmen von OOD und gemäß SEM-VM in der Phase Entwurf entstehen würde. Ein „Design Model" nach Jacobson wiederum stellt nur einen Teil dessen dar, was bei anderen objektorientierten Methoden unter dieser Bezeichnung verstanden wird. Allgemein können wir aber feststellen, daß die in den meisten objektorientierten Methoden unter OOD subsumierten Aktivitäten mit der wesentlichen technischen Tätigkeit *Festlegen des Produktaufbaus* in der Phase Entwurf von SEM-VM kompatibel sind.

OOP/OOT und die
Phase Realisierung

Die Phase *Realisierung* gemäß SEM-VM umfaßt das, was bei OOP getan wird, und zusätzlich OOT *(Objektorientiertes Testen)*. OOT ist kompatibel mit der Tätigkeit *Durchführen von Produkttests*, was in SEM-VM unter die qualitätssichernden Tätigkeiten der Phase Realisierung fällt. Vorbereitende Tätigkeiten für das Testen wie dessen *Planung* sind schon früher vorgesehen. Eine wesentliche technische Tätigkeit in der Phase Realisierung von SEM-VM ist das *Herstellen der Komponenten*. Für den Fall, daß diese Komponenten selbst entwickelt werden und diese Entwicklung objektorientiert durchgeführt wird, entspricht diese Tätigkeit von SEM-VM weitgehend dem, was bei Objektorientiertem Programmieren erfolgt.

3.3.2 Objektorientierte Analyse und die Phase Definition

Da für die Phase Definition von SEM-VM die Gegenüberstellung mit OOA nicht so einfach ist, diskutieren wir diese Gegenüberstellung hier noch detaillierter. Wie bereits oben angesprochen liegt ein Schwerpunkt der Phase Definition (aus technischer Sicht) auf der Definition der Anforderungen. Genau die Handhabung von Anforderungen ist aber bei vielen objektorientierten Methoden nicht unproblematisch (siehe auch [Kaindl 97]). Die meisten objektorientierten Methoden

- setzen Anforderungen (aus der Sicht eines Benutzers oder Auftraggebers) bereits voraus;

- verfügen über keine explizite Darstellung solcher Anforderungen in einer für den Auftraggeber als Anforderungen erkennbaren Form;

- bieten keine Darstellung *funktionaler* Anforderungen an (als Abstraktion des externen Verhaltens [Davis 95]);

- kümmern sich kaum um *nicht-funktionale* Anforderungen (weder an das Produkt noch an das Projekt).

Schwerpunkte objektorientierter Methoden

Hingegen liegen die Schwerpunkte und Stärken der meisten objektorientierten Methoden, die Objektorientierte Analyse beinhalten, auf dem

- Analysieren der Anwendungsdomäne;

- Modellieren der Anwendungsdomäne mittels Objekten;

- Erstellen eines OOA-Modells.

Analysieren und Modellieren der Domäne

Diese Methoden begründen aber meist nicht ausreichend, *wozu* eigentlich modelliert werden soll. SEM-VM beinhaltet in der Phase Definition die Tätigkeit *Analysieren und Modellieren der Domäne*, und zwar für das (bessere) Verständnis der Domäne. Erst durch dieses Verständnis wiederum kann erreicht werden, daß auch die Anforderungen verstanden werden. Vielfach werden Anforderungen überhaupt erst gefunden, wenn die Domäne verstanden wird. Somit paßt OOA durchaus in den Rahmen der Phase Definition von SEM-VM und kann sowohl beim Ermitteln als auch beim Verstehen der Anforderungen helfen.

Anforderungen

Für eine gute Umsetzung von OOA in der Phase Definition ist es aber zusätzlich nötig, sich mit den oben aufgezählten Problemen der meisten objektorientierten Methoden auseinanderzusetzen. Gemäß SEM-VM liegen bereits am Ende der Phase Initiierung, also *vor* der Phase Definition *primäre Anforderungen* vor, die als Input für OOA ausreichen sollten, da in den objektorientierten Methoden ohnehin meist nur kurze „Problem Statements" vorausgesetzt werden. Ein Mißverständnis in den meisten objektorientierten Methoden ist leider, daß dies bereits *die* Anforderungen seien. Für das Darstellen dieser und der während der Durchführung von OOA noch ermittelten Anforderungen empfehlen wir die Methode RETH [Kaindl 97], wobei das gleichzeitige Modellieren der Domäne unter Verwendung praktisch jeder beliebigen objektorientierten Methode möglich und sinnvoll ist. Ein wesentlicher Punkt ist dabei das explizite Verbinden der Anforderungstexte mit denjenigen Domänenobjekten, über welche die jeweilige Anforderung Aussagen macht. Ein weiterer Punkt ist, daß bei Verwendung von RETH die Anforderungen selbst als Objekte modelliert werden. Dadurch kommen die Vorteile objektorientierten Modellierens wie etwa das Klassifizieren auch bei der Darstellung der Anforderungen selbst zum Tragen.

Ein vollständiges OOA-Modell enthält umfassende statische und dynamische Teile. Wenn es als „Soll-Modell" das zu erstellende

OOA-Modell als
Spezifikation der
Anforderungen

Softwareprodukt beinhaltet und definiert, wie sich dieses seiner Umgebung gegenüber verhalten soll, dann spezifiziert es indirekt Anforderungen an dieses Produkt (allerdings sind das „nur" sog. funktionale Anforderungen). Man könnte sich diese Art der Spezifikation von Anforderungen auch als eine einzige Anforderung aus der Sicht des Auftraggebers vorstellen: „Das Softwareprodukt soll sich so verhalten wie das OOA-Modell." Leider machen die objektorientierten Methoden nicht genügend klar, daß solche OOA-Modelle Anforderungen darstellen, weshalb sie auch kaum zur Abklärung der Aufgabenstellung in Softwareprojekten herangezogen werden.

Ob nun ein solch „vollständiges" OOA-Modell als „Soll-Modell" erstellt wird oder nicht, bzw. mit welcher objektorientierten Methode OOA konkret durchgeführt wird, spielt im Rahmen von SEM-VM formal keine Rolle. Grundsätzlich kann OOA im Rahmen der Phase Definition gemäß SEM-VM durchgeführt werden und soll auch genau hier durchgeführt werden. In diesem Sinn ist OOA auch in unserer SEM-Ausprägung ooSEM integriert.

3.3.3   Prototyping als Phasenablauforganisation

Es bleibt noch zu diskutieren, wie die Phasen bei objektorientierter Entwicklung gemäß SEM-VM sinnvoll durchlaufen werden sollen. So wird etwa oft behauptet, daß das *Wasserfallmodell* nicht für objektorientierte Entwicklung geeignet ist. Unserer Meinung nach kann man das nicht so kategorisch sagen, und wir schlagen vor, bei der Auswahl einer Phasenablauforganisation die jeweiligen Projektvoraussetzungen und -gegebenheiten genau zu berücksichtigen. Von den fünf gemäß SEM-VM möglichen Formen der Phasenablauforganisation sind alle prinzipiell auch für objektorientierte Entwicklung geeignet. Das in SEM-VM eingeführte Modell für *Prototyping* als Phasenablauforganisation scheint aber insbesondere für objektorientierte Entwicklung gut zu passen.

Zusammenfassung
von Entwurf und
Realisierung

Bild 7 (gleich wie Bild 22 in Teil II) zeigt die Phasenabfolge bei dieser Form von Prototyping. Das wesentliche Merkmal dieser Phasenablauforganisation ist die Zusammenfassung von Entwurf und Realisierung zu *einer* zusammengesetzten Phase. Ansonsten ist sie wie das Wasserfallmodell (das grundsätzlich auch das Zurückkehren in frühere Phasen erlaubt, auch wenn das oft übersehen wird und bezüglich der Projektkontrolle mittels Meilensteinen nicht ganz unproblematisch ist). Die Zusammenfassung von Entwurf und Realisierung würde grundsätzlich beliebiges

Vorgehen in dieser Phase erlauben, in Kapitel 6.3.3 im Teil II wird aber erklärt, daß eigentlich an das Durchlaufen vieler Schleifen ohne explizite Phasentrennung gedacht ist. Dieses Vorgehen erscheint besonders dann als zielführend, wenn eine entsprechende Entwicklungsumgebung für Prototypen verwendet wird.

Bild 7:

Phasenabfolge bei Prototyping

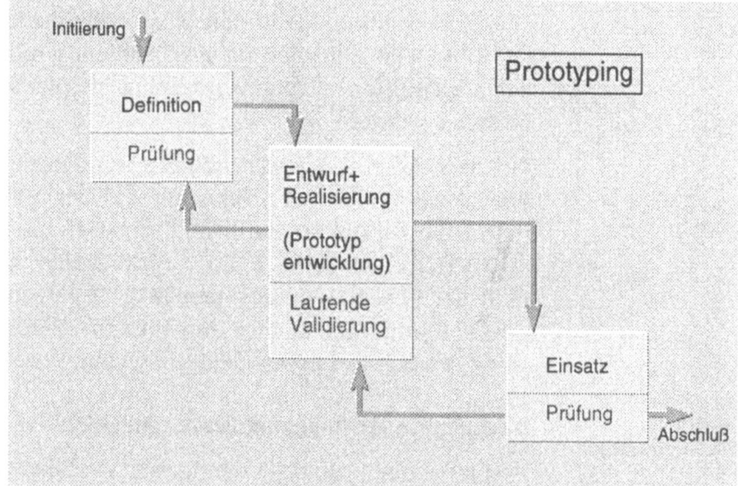

Iterative Entwicklung

Wieso soll nun gerade diese Phasenablauforganisation insbesondere für objektorientierte Entwicklung gut passen? Für eine solche Entwicklung wird oft vorgeschlagen, daß sie iterativ erfolgen soll. Die hier vorgeschlagene Form von Prototyping erlaubt und fördert Iterationen von OOD und OOP (und OOT). Allerdings sind *nicht* beliebige Zyklen von OOA und OOD (bzw. gar OOP) vorgesehen. Der Grund dafür ist, daß in der industriellen Softwareentwicklung zumeist eine explizite Beauftragung erfolgt. Damit diese für eine definierte Aufgabe erfolgt, muß gemäß SEM-VM als wesentliches Ergebnis der Phase Definition eine *Anforderungsspezifikation* als Problembeschreibung entstehen, die mit dem Auftraggeber abgestimmt ist. Solche formale Abstimmungen sollen nur im Fall von geänderten Anforderungen neu erfolgen (im Rahmen einer Rückkehr und eines neuerlichen Durchlaufens der Phase Definition). Sollten die Anforderungen selbst erst durch das Erstellen eines oder mehrerer Prototypen *in* der Phase Definition ermittelt und geklärt werden müssen, dann ist dies gemäß SEM-VM im Rahmen von Lösungsstudien möglich, darf aber nicht mit der Phasenablauforganisation Prototyping verwechselt werden. Bei dieser ist es aber prinzipiell auch möglich, in der Phase Definition entstandene Prototypen geordnet weiterzuentwickeln.

3.4 Planung und Durchführung von objektorientierten Projekten gemäß SEM-VM

Während viele technische Aspekte objektorientierter Entwicklung bereits recht gut ausgearbeitet und für die Anwendung aufbereitet wurden, sind die Planung und Durchführung von objektorientierten Projekten in den objektorientierten Methoden einigermaßen vernachlässigt. Offensichtlich sind sie aber für erfolgreiche objektorientierte Projekte in der Industrie und damit erfolgreiche Anwendungen dieser Technologie von großer Bedeutung. Das Buch [Goldberg & Rubin 95] behandelt viele dafür relevante Themen und sollte insbesondere von Projektleitern von objektorientierten Projekten zu Rate gezogen werden. Wir wollen im folgenden zeigen, wie der von SEM-VM vorgegebene Rahmen die Planung und Durchführung auch von objektorientierten Projekten unterstützt. In unserer SEM-Ausprägung ooSEM ist dies entsprechend umgesetzt.

3.4.1 Allgemeine Planung und Projektkontrolle

Ein wesentlicher Grundsatz in SEM-VM ist, daß jedes Projekt (dokumentiert) geplant werden muß. Ebenso sieht SEM-VM Projektkontrolle unter Verwendung der Pläne vor. Die umfassenden Regelungen sind in Kapitel 6.4 im Teil II zu finden. Im folgenden wollen wir kurz erläutern, was diese Regelungen für objektorientierte Projekte bedeuten.

Planung

grob

SEM-VM spricht von grober, vorläufiger und regulärer Planung:

- Wie bereits oben erörtert wurde, gibt es in den objektorientierten Methoden üblicherweise keine explizite Initiierungsphase entsprechend SEM-VM. Eine wichtige Idee in SEM-VM ist hingegen, daß bereits in der Phase Initiierung eine vorerst *grobe Projektplanung* erfolgt. Eine solche erscheint uns auch für objektorientierte Projekte wesentlich, insbesondere die darin enthaltene Berücksichtigung von Projektrisiken. Zum Beispiel sollte für den Fall, daß in einer Organisation noch nicht viel Erfahrung mit objektorientierter Entwicklung vorliegt, bereits *vor* einer Entscheidung über die Durchführung eines objektorientierten Projekts untersucht werden, ob Mitarbeiter mit entsprechenden Kenntnissen überhaupt eingeplant werden können. Damit soll das Risiko minimiert werden, daß man später – also bereits während der Durchführung des Projekts – feststellen muß, daß solche Mitarbeiter nicht zur Verfügung stehen. Klarerweise sollten auch andere Aspekte bei der Entscheidung über eine Projektdurchführung Berücksichtigung finden.

vorläufig

- Nach einer erfolgten positiven Projektentscheidung erfolgt im Rahmen der Phase Definition die OOA. Wenn dies längere Zeit in Anspruch nimmt, kann gemäß SEM-VM bereits parallel zur Durchführung der OOA eine *vorläufige Planung* des Projekts sinnvoll durchgeführt werden. Eine solche kann sich entsprechend eventuell existierender Alternativen bei den technischen Lösungsmöglichkeiten mit alternativen Projektabwicklungsmöglichkeiten auseinandersetzen.

regulär

- Nachdem die OOA abgeschlossen und die Anforderungen an das Produkt festgelegt wurden, erfolgt gemäß SEM-VM eine *reguläre Projektplanung*. Diese bezieht sich auch auf ggf. vorhandene Termin- und Budgetvorgaben. Als wesentlicher Aspekt sei hier wieder die Personalplanung herausgegriffen: Im Rahmen der regulären Projektplanung müssen (spätestens) zu diesem Zeitpunkt eindeutig die Projektverantwortlichen festgelegt sein, mindestens der Projektleiter und der Qualitätssicherungsverantwortliche (die außerdem personell getrennt sein müssen). Dabei ist für objektorientierte Projekte klarerweise darauf zu achten, daß diese Projektverantwortlichen ausreichende objektorientierte Kenntnisse haben.

Projektkontrolle und -steuerung

Entsprechend den bei der regulären Planung entstehenden Plänen erfolgt danach eine regelmäßige Projektkontrolle, die wiederum eine effektive Projektsteuerung ermöglicht. Die Projektkontrolle und -steuerung kann auch bei objektorientierten Projekten – bei entsprechend definierten Meilensteinen – wie in Kapitel 6.4.3 in Teil II beschrieben erfolgen.

3.4.2 Qualitätssicherung

Während der Durchführung von Projekten sieht SEM-VM eine ins Projektgeschehen integrierte Qualitätssicherung vor, welche die Anforderungen der Norm EN ISO 9001 erfüllt. Die zentrale Forderung nach einem Qualitätsmanagement wird in SEM-VM auf Projektebene durch den Qualitätssicherungsverantwortlichen und den QS-Plan abgedeckt. Die Festlegung eines Qualitätssicherungsverantwortlichen und das Erstellen eines QS-Plans sind auch in objektorientierten Projekten sinnvolle Maßnahmen für eine geeignete Qualitätssicherung.

QS für objekt-
orientierte
Entwicklung

Auch während der Durchführung von objektorientierten Projekten ist es wichtig, Fehler möglichst früh zu erkennen bzw. überhaupt zu verhüten und die Ergebnisse zu validieren und zu verifizieren. Wegen der Allgemeinheit von SEM-VM sind auch nur sehr allgemein einsetzbare Maßnahmen für Validierung und Verifizierung wie Reviews und Tests explizit vorgeschrieben. Diese sind auch für objektorientierte Entwicklungen sinnvoll. Darüber hinaus sieht SEM-VM auch optional Prototyping vor (hier ist *nicht* die oben besprochene Phasenablauforganisation gemeint; siehe die entsprechenden Hinweise in Kapitel 6.2 und 7 in Teil II). Solches Prototyping wird etwa in Kapitel 6 von [Goldberg & Rubin 95] als geeignete Technik für das Finden von Problemen während OOA und OOD angesehen. SEM-VM bietet also auch für objektorientierte Projekte einen geeigneten Rahmen für Qualitätssicherung, die auch zur Zertifizierung gemäß der Norm EN ISO 9001 geeignet ist.

3.4.3 Configuration Management

SEM-VM sieht ein durchgehend geplantes und durchgeführtes Configuration Management (CM) vor. Nicht zuletzt geht es bei der geregelten Verwaltung der im Ablauf eines Projekts anfallenden Ergebnisse und Einheiten darum, den Projektzustand und -verlauf erkennbar, überprüfbar und definiert rücksetzbar zu machen und damit wiederum zu einer funktionierenden Qualitätssicherung beizutragen. Somit sollte klar sein, daß CM auch für objektorientierte Projekte sinnvoll und notwendig ist, selbst wenn dies in den objektorientierten Methoden kaum Beachtung findet. Allerdings sind bei objektorientierten Entwicklungen zwei Aspekte zu beachten:

„Objekte"

- Während im Rahmen von CM ebenfalls oft von „Objekten" gesprochen wird, muß dieser Begriff klar vom Objektbegriff der objektorientierten Methoden unterschieden werden. Bei CM sind die zu verwaltenden „Entitäten" bzw. Einheiten gemeint, weshalb diese zur klaren Abgrenzung in SEM-VM als *Verwaltungseinheiten* (des CM) bezeichnet werden.

Versionen

- Bei Verwendung von stark gegenüber ihrer Umgebung abgegrenzten Entwicklungsumgebungen kann es ein Problem mit dem CM bezüglich der Granularität der Einheiten geben, von denen Versionen verwaltet werden können. Dieses Problem tritt insbesondere auch bei objektorientierten CASE-Tools auf. Wenn etwa die „objektorientierten" Objekte z.B. einer ganzen Applikation nur in ihrer Gesamtheit in ein CM-Werkzeug übernommen werden können, dann können offensichtlich von den einzelnen Objekten keine Versionen verwaltet werden. Für die geeignete Durchführung der Phasenablauforganisation *Prototyping* gemäß SEM-VM ist es aber ohnehin ausreichend, auf frühere Versionen gesamter Applikationen geordnet zurückgreifen zu können.

Abgesehen davon sollte aber klar sein, daß CM auch für objektorientierte Projekte sinnvoll durchgeführt werden kann und insbesondere gemäß SEM-VM auch muß.

3.4.4 Wiederverwendung und Wiederverwendbarkeit

In SEM-VM ist die rechtzeitige Planung von etwaiger *Wiederverwendung* im Projekt vorgesehen. Ebenso ist vorgesehen, daß im Projekt eine frühe Entscheidung für oder gegen die Erstellung *wiederverwendbarer* Software getroffen wird, da dies eine strategisch wichtige Entscheidung darstellt. Diese allgemeinen Vorgaben in SEM-VM sind auch für objektorientierte Projekte passend.

Objektorientierte Wiederverwendung und Wiederverwendbarkeit

Für objektorientierte Technologie wird oft behauptet, daß sie speziell für Wiederverwendung und Wiederverwendbarkeit geeignet ist. Dies steht technisch primär mit der Möglichkeit der Subklassenbildung und der damit verbundenen Nutzung von *Vererbung* in objektorientierten Programmiersprachen im Zusammenhang. Diese Möglichkeit wird vielfach in *Klassenbibliotheken* und „Application Frameworks" genutzt, die (mit höherem Aufwand) wiederverwendbar erstellt werden müssen, dann aber prinzipiell beliebig (und mit geringerem Aufwand) wiederverwendet werden können. Insbesondere für Entwürfe wird immer mehr propagiert, diese nicht immer wieder aufs Neue zu „erfinden", sondern auf abstrahierte Standardlösungen zurückzugreifen, die heute meist unter der Bezeichnung *Patterns* beschrieben sind (siehe z.B. [Pree 95, Buschmann *et al.* 96]). Während solche Patterns grundsätzlich nicht mit objektorientierter Technologie im Zusammenhang stehen müssen, sind sie doch primär in diesem Kontext zu finden. Weder Klassenbibliotheken noch „Application Frameworks" oder Patterns sind explizit in SEM-VM erwähnt, sehr wohl jedoch in der Ausprägung ooSEM. Genau deren Verwendung (bzw. auch Erstellung) soll in objektorientierten Projekten gemäß SEM-VM zum richtigen Zeitpunkt geplant werden.

3.5 Dokumentation

Entsprechend SEM-VM müssen sowohl Planungsergebnisse als auch technische Ergebnisse geeignet dokumentiert werden. Dabei geht es um definierte Inhalte, nicht aber bereits um generell festgelegte Inhaltsverzeichnisse von „physisch" eigenständigen Papieren. SEM-VM ist zu allgemein, um solche Vorgaben zu machen, die in der Praxis nur spezifisch für Technologien oder Bereiche sinnvoll sind. ooSEM als Ausprägung für objektorientierte Technologie hingegen beinhaltet konkretere Vorgaben im Sinne von spezifischen Checklisten und Inhaltsverzeichnissen von Dokumenten. Allerdings reicht es in ooSEM nicht aus, als Dokumentation nur objektorientierte Diagramme zu zeichnen.

3.5.1 Pläne

Da gemäß SEM-VM jedes Projekt geplant und wichtige Inhalte dokumentiert werden müssen, ist es mehr als naheliegend, daß Pläne zur Dokumentation der relevanten Planungsergebnisse vorgesehen sind. In der Phase Initiierung muß somit ein Grob-Projektplan und in der Phase Definition darauf aufbauend ein Projektplan erstellt werden. Letzterer muß in der Folge in dem Sinn gepflegt werden, daß er aufgrund neuerer Erkenntnisse während der Projektabwicklung aktualisiert werden muß. Analog dazu sind ein Grob-QS-Plan und ein QS-Plan vorgesehen. Da CM und Testen in der Phase Initiierung normalerweise noch keine so große Rolle spielen, sind zwar (in späteren Phasen) ein CM- und ein Testplan vorgesehen, aber *kein Grob*-CM- oder *Grob*-Testplan.

Pläne für objektorientiertes Entwickeln

All diese Pläne machen auch für objektorientiertes Entwickeln Sinn. Auch die für solche Pläne in SEM-VM definierten Inhalte sind hier sinnvoll, können aber ggf. auch ergänzt werden.

3.5.2 Spezifikationen

Gemäß SEM-VM gibt es zwei Arten von Spezifikation von technischen Inhalten: Anforderungs- und Lösungsspezifikation. Erstere ist ein Pflichtergebnis der Phase Definition, letztere der Phase Entwurf. In beiden geht es nicht ausschließlich um die Dokumentation der technischen Ergebnisse dieser Phasen, sondern auch um die Erörterung von wesentlichen Alternativen und die Begründungen von Entscheidungen.

Objektorientierte Spezifikation

Offensichtlich gibt es insbesondere in diesen Spezifikationen wesentliche Besonderheiten speziell für die Dokumentation objektorientierter Software. Bei geeigneter Werkzeugunterstützung müssen OOA- und OOD-Modelle nicht unbedingt vollständig in diese Spezifikationen übernommen werden, sondern es können ggf. Verweise auf deren Darstellung in einem solchen Werkzeug genügen. Aber auch in diesem Fall wird in diesen Spezifikationen objektorientierte Terminologie und Notation vorherrschen.

3.5.3 Sonstige Dokumente

In SEM-VM sind zusätzlich noch andere Dokumente vorgesehen, wie Berichte und Lösungsstudien. Während ein Benutzerhandbuch (insbesondere in Papierform) nicht allgemein als Pflichtergebnis vorgesehen ist, gibt es in Teil II auch über geeignete Inhalte eines solchen Dokuments Angaben.

Objektorientierte
Lösungsstudien

Berichte und Benutzerhandbuch sind nicht notwendigerweise spezifisch für objektorientierte Entwicklung. Eine Lösungsstudie hingegen wird sich üblicherweise wie die Spezifikationen objektorientierter Terminologie und Notation bedienen. Insbesondere ist es möglich, daß spezifische Ansätze für objektorientierte Lösungen studiert werden müssen.

3.6 Zusammenfassung

In diesem Kapitel wurden folgende Punkte behandelt:

- Die *Phasen* gemäß SEM-VM passen zu den entsprechenden „Phasen" bei objektorientierter Softwareentwicklung.

- OOA kann in der Phase *Definition* von SEM-VM durchgeführt werden.

- Die Phasenablauforganisation *Prototyping* von SEM-VM ist für objektorientierte Softwareentwicklung geeignet.

- Auch objektorientierte Projekte können gemäß SEM-VM *geplant* und entsprechend solcher Planungen durchgeführt werden.

- Qualitätssicherung, Configuration Management sowie Wiederverwendung und Wiederverwendbarkeit können gemäß SEM-VM für objektorientierte Projekte durchgeführt werden.

- Die gemäß SEM-VM vorgesehene Dokumentation ist auch für objektorientierte Entwicklung sinnvoll.

4 Bereitstellung einer Methode nach SEM-VM mittels Hypermedia im Intranet

4.1 Einleitung

Im Bereich Programm- und Systementwicklung der Siemens AG Österreich gab es bisher zwei gedruckte Handbücher zur Unterstützung des Entwicklungsprozesses: Ein relativ kurzgefaßtes Entwicklungshandbuch und ein wesentlich umfangreicheres Entwicklungsverfahrenshandbuch (in Form eines dicken Ordners). Zusätzlich gab es zur konkreten Unterstützung der Arbeit einige ergänzende Unterlagen wie Checklisten zu bestimmten Themen, Druckformatvorlagen mit Gliederungsvorschlägen für die Dokumentenerstellung und entwicklungsbegleitende Leitfäden (auf zentralen Servern oder in Papierform).

Konkrete Methode für Standard-Projekte

Als erster Schritt zur neuen Entwicklungsmethodik wurde das allgemeine Vorgehensmodell SEM-VM entwickelt (siehe dazu ausführlich die vorangehenden Kapitel und im Originaltext Teil II dieses Buches). Basierend auf diesem Vorgehensmodell sollte nun eine konkrete Methode für Standard-Projekte geschaffen werden, die sowohl die Inhalte der alten Handbücher berücksichtigt als auch auf neue Technologien eingeht. Dies betrifft zum einen inhaltliche Aspekte wie z.B. Prototyping-Methodik oder Anpassung von Software (und nicht nur Neuentwicklungen), zum anderen aber auch Aspekte der Präsentation der Methode (Online-Verfügbarkeit auf jedem Arbeitsplatz, stärkere Unterstützung der Arbeitsabläufe als bisher).

Intranet-Lösung

In der Folge soll nun anhand unserer Lösung für die SEM-Ausprägung Standard-SEM (stdSEM) gezeigt werden, wie man auch eine sehr komplexe Methode im Intranet zur Verfügung stellen kann und was bei deren Erstellung besonders berücksichtigt werden muß: Die Standard-Systementwicklungsmethode (stdSEM) umfaßt derzeit rund 1000 HTML-Seiten im Firmen-Intranet mit rund 17.000 aktiven Links; sie wird nach den Bedürfnissen der Anwender laufend weiterentwickelt.

4.2   Von gedruckten Handbüchern zur Intranet-Lösung

Handbücher waren im Bereich der Software-Entwicklung nie wirklich geliebt; sie wurden immer als notwendiges Übel angesehen, mit dem man sich in bestimmten Fällen eben auseinandersetzen muß. Diese Einstellung verstärkte sich mit dem Aufkommen von Online-Dokumentation und graphischen Benutzeroberflächen: Heutzutage werden Handbücher im beruflichen Alltag häufig nur noch in Notfällen konsultiert [Nielsen 93].

Vorteile einer Intranet-Lösung

Neben diesem gewichtigen Argument sprechen einige weitere Vorteile für ein Weggehen vom gedruckten Handbuch:

- Die Inhalte eines elektronischen Handbuchs sind unmittelbar am Arbeitsplatz verfügbar und können im Arbeitsprozeß direkt eingesetzt werden (Download von Dokumententemplates, Kopieren benötigter Textteile, Aufruf von Hilfsprogrammen etc.).

- Bei einer zentralen Intranet-Lösung (gegenüber isolierten Lösungen, die am Arbeitsplatz installiert werden müssen) kann zudem das Handbuch wesentlich öfter und leichter aktualisiert werden, da der Distributionsaufwand bei neuen Versionen im Vergleich zu gedruckten Handbüchern äußerst gering ist.

- Für eine Intranet-Lösung spricht auch die Möglichkeit, die Inhalte des Handbuchs mit anderen Informationen zu vernetzen, die bereits im Intra- und Internet vorliegen (z.B. weiterführende Unterlagen zur Qualitätssicherung, Informationsangebote firmeninterner Supportzentren zu bestimmten Technologien oder Projektunterstützung, ...).

- Auch die unmittelbare Kommunikation und der Meinungsaustausch der Anwender des Handbuchs kann mittels Diskussionsgruppen stimuliert werden, was wiederum wertvolle Anstöße für die Weiterentwicklung der Entwicklungsmethode bringen kann.

- Zuletzt schließlich spricht auch der plattformübergreifende Charakter einer Intranet-Lösung für sich: Die verschiedenen „Welten", die mitunter in Firmen bestehen (Unix, Windows, Macintosh, ...) und ihre eigene „Projektkultur" entwickelt haben, können auf diese Weise zu einem einheitlichen Vorgehen zusammengeführt werden.

Probleme bei 1:1-Übernahme

Es ist bereits relativ weit verbreitet, gedruckte Handbücher, Anweisungstexte, Rundschreiben und Regelwerke in Intranet-Webs zu stellen. Meist erfolgt dies in Form einer 1:1-Übernahme des gedruckten Textes ins HTML-Format, was bei kurzen Dokumenten mit klaren Zugangsstrukturen durchaus ausreichend ist (z.B. Inhaltsverzeichnis mit Titel und Datum der firmeninternen Rundschreiben, beim Anklicken des Titels Aufruf der Seite mit dem Volltext). Bei umfangreicheren Dokumenten jedoch schafft dieses Vorgehen große Probleme hinsichtlich der Akzeptanz und der Anwendbarkeit der Texte: Es entstehen unter anderem die bekannten Probleme des Orientierungsverlusts (*„lost in hyperspace"*) und der inhaltlichen Überforderung (*„cognitive overload"*).

Interdisziplinäre Forschung

Dieses Problem wird seit etwa einem Jahrzehnt mit dem Aufkommen professioneller Hypertext-Tools in der wissenschaftlichen und praxisorientierten Literatur ausführlich diskutiert. Hier seien nur einige wenige Literaturstellen des inzwischen unübersehbaren und interdisziplinären Forschungsbereichs angegeben: Eine informationswissenschaftliche Grundlage dieses Themas bietet [Kuhlen 91]; [Nielsen 93, 95] geht auf die EDV-Umsetzung und Usability-Probleme ein und bietet einen umfangreichen Literaturüberblick; in letzter Zeit werden Hyper-Textstrukturen auch von linguistischer und kognitionspsychologischer Seite untersucht, z.B. [Lutz 95, Knorr & Jakobs 97]. Die Diskussion hat sich zudem stark ins WWW verlagert, die Ratgeberliteratur mit Hypertext-Styleguides boomt geradezu (im WWW gibt es zehntausende Fundstellen zum Schlagwort „Hypertext", teilweise durchaus auch brauchbare).

Hypertext-Design

Die Essenz all dieser wissenschaftlichen Forschungen und Ratgeberliteratur: Hypertexte müssen sowohl strukturell als auch graphisch und textuell designt werden (*„hypertext design"*), um für den Anwender wirklich brauchbar zu sein. Ein wichtiger Aspekt dabei ist das Definieren von *Knotentypen* (für Inhalte gleicher Kategorien, die sich im Seiten-Layout widerspiegeln) und *Linktypen* (bei uns Verweise auf Knoten eines bestimmten Typus), um dem Anwender Sicherheit, Orientierung und die richtige „Vorahnung" zu vermitteln, zu der Information zu gelangen, die er benötigt. Ein weiteres Thema ist der „informationelle Mehrwert", den der Hypertext gegenüber traditionellen, linearen Texten haben soll (dies geschieht im wesentlichen durch das Verlinken und wohldurchdachte alternative Zugangsstrukturen zu den Inhalten). Für die Gestaltung und Textierung einzelner Seiten muß auf die Besonderheiten des Lesens am Bildschirm Rücksicht genommen werden (siehe Kapitel 4.4).

Für die Erstellung eines umfangreichen Online-Entwicklungs-handbuches bedeutet dies: Um zu einem akzeptierten und anwendbaren Ergebnis zu kommen, muß die Applikation designt werden, bestehende lineare Texte können – den Erfordernissen des Mediums entsprechend – nicht 1:1 übernommen werden, sondern müssen überarbeitet, ggf. gänzlich neu textiert werden.

4.3   Designprinzipien und Architektur

Um die Architektur eines Online-Handbuches zu erarbeiten, muß man sich zum einen an den zu vermittelnden *Inhalten* orientieren, zum anderen an der *Bedürfnisstruktur der Anwender* (was muß vom Anwender unbedingt wahrgenommen und umgesetzt werden vs. was will der Anwender eigentlich von diesem Handbuch). Diese beiden Aspekte müssen bei der Gestaltung des Webs in klare Strukturen mit eindeutig identifizierbaren Inhalten münden, die schnell auffindbar sind und zudem die konkrete Arbeit möglichst unmittelbar unterstützen. Die Anwender dürfen dabei weder im Ungewissen gelassen noch in ihrem Handeln zu stark eingeschränkt werden.

Struktur des
stdSEM-Webs

Da es sich bei SEM-VM (wie bei allen Prozeßmodellen für die SW-Entwicklung) um ein *Phasenmodell* handelt, war es von vornherein klar, daß die dominante Darstellungs- und Zugangsstruktur für eine SEM-Ausprägung *phasenorientiert* sein muß. Die wesentlichen Inhalte von stdSEM finden sich daher auch in der Beschreibung der einzelnen Entwicklungsphasen. Darüberhinaus gibt es allerdings einige Themen, die nicht eindeutig einzelnen Phasen zuordenbar sind, sondern die gesamte Projektabwicklung betreffen (insbesondere planende und kontrollierende Tätigkeiten wie etwa Projektmanagement und Projektcontrolling, Prinzipien der Qualitätssicherung oder Configuration Management). Diese Themen kommen zwar in allen einzelnen Phasen vor, sind jedoch sinnvollerweise im Zusammenhang global zu beschreiben (für stdSEM nannten wir sie *phasenübergreifende Themen*). Darüberhinaus gibt es einige Themen, die in traditionellen Handbüchern typischerweise in der Einleitung abgehandelt werden (wie Zielsetzung, Einbettung in andere Verfahren, Geltungsbereich, Verantwortungen etc.). Für stdSEM nannten wir diesen Bereich des Webs den *Überblick*. Bild 8 zeigt die Homepage des Online-Handbuchs mit anklickbaren Graphiken (neben den zentralen Einstiegspunkten gibt es noch mehrere alternative Zugangsstrukturen, die weiter unten erläutert werden).

Bild 8:
stdSEM-Homepage

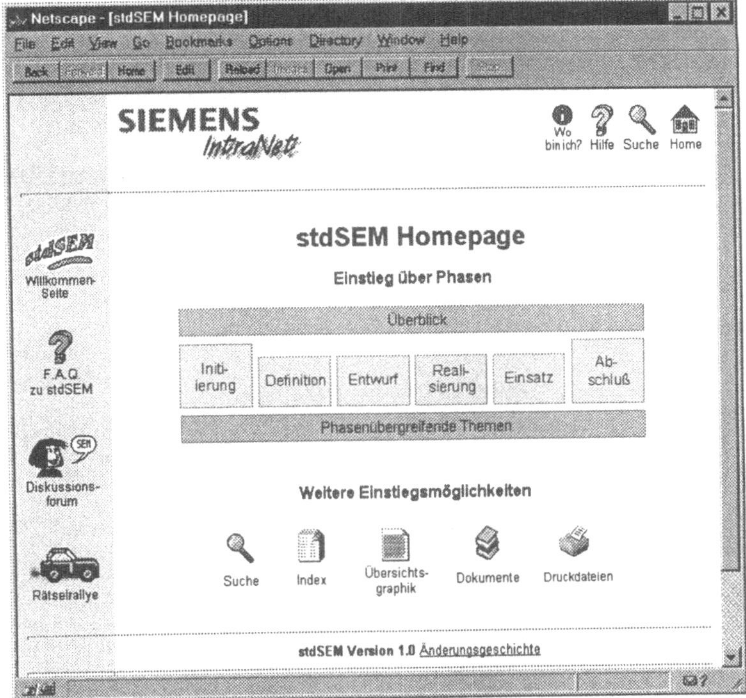

Phasen sind üblicherweise dadurch gekennzeichnet, daß zu ihrer Durchführung bestimmte *Voraussetzungen* vorliegen müssen (Entry-Kriterien), daß weiters in ihrem Ablauf bestimmte *Tätigkeiten* durchgeführt werden, die dann zu definierten *Ergebnissen* führen. Darüberhinaus empfiehlt sich eine Strukturierung der Tätigkeiten und Ergebnisse nach jeweiligen Aufgabengebieten (das V-Modell z.B. spricht in diesem Zusammenhang von Submodellen). Wir entschieden uns schon im SEM-VM für eine Gliederung nach vorwiegend technischen, projektsteuernden und qualitätssichernden Aspekten (diese Aufteilung hat sich auch im früheren gedruckten Entwicklungshandbuch bewährt, ist den Anwendern vertraut und findet sich daher in stdSEM wieder).

Phasen-Homepages

Diese Strukturen finden sich für stdSEM in den „Phasen-Homepages", die wichtige lokale Schaltzentralen des Webs darstellen und eine große anklickbare Graphik enthalten, über die man zur ausführlichen Beschreibung einzelner Tätigkeiten und Ergebnisse gelangen kann sowie einen Überblick über Ziele und Durchführung der Phase erhält. Darüber hinaus gibt es Links zu phasenspezifischen Aspekten der phasenübergreifenden Themen (was ist in dieser Phase besonders hinsichtlich Projektmanagement, Qualitätssicherung etc. zu berücksichtigen?). Bild 9 zeigt beispielhaft die Homepage der Phase Initiierung (komplexere Phasen wie Entwurf oder Realisierung enthalten klarerweise wesentlich mehr Tätigkeiten und Ergebnisse und sind daher meist auch in mehrere Teilphasen untergliedert).

Bild 9:
stdSEM-Phasen-
Homepage

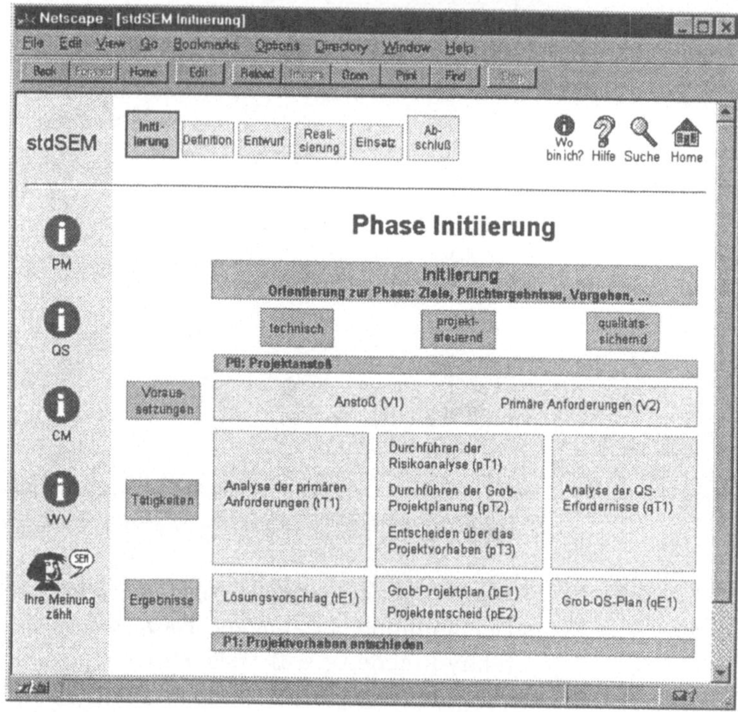

Produkt- und
prozeßorientiert

Für die Anwendung eines derartigen Phasenmodells mit Tätigkeiten und Ergebnissen bieten sich prinzipiell zweierlei Möglichkeiten an: Der *produktorientierte Ansatz* geht von den Ergebnissen aus (was muß in dieser Phase entstehen, welche Dokumente mit welchen Inhalten und vorgegebenen Gliederungsstrukturen müssen zum Ende der Phase vorliegen?); der *prozeßorientierte Ansatz* hingegen geht von den Tätigkeiten aus (was muß in dieser Phase alles getan werden, um bestimmte Ziele zu errreichen?). Der prozeßorientierte Ansatz ermöglicht mehr Flexibilität hinsichtlich der Struktur der Ergebnisse, verlangt aber auch selbständigeres Arbeiten (er wird in der wissenschaftlichen Literatur forciert); der produktorientierte Ansatz andererseits ist deutlich unflexibler, da die Struktur der Ergebnisdokumente vorgegeben ist. Er ist allerdings in der industriellen Praxis weiter verbreitet, da Standardlösungen deutlich schneller erzielt werden können. Durch die ausgewogene Darstellung von Tätigkeiten *und* Ergebnissen ermöglicht stdSEM sowohl den prozeß- als auch den produktorientierten Zugang bei der Arbeit.

Vertiefende Informationen

Von den Tätigkeiten und Ergebnissen aus gibt es *„vertiefende Abzweigungen"*, die weitere Informationen liefern: Checklisten, Tips, Hinweise zu Werkzeugen, für Dokumente kommentierte Inhaltsverzeichnisse und Beispieldokumente. All diese Seiten sind im oben erwähnten Sinne als Instanzen von *Knotentypen* zu bezeichnen, die durch entsprechend gekennzeichnete *Links* erreicht werden können.

Durch die Aufteilung in die Darstellung der einzelnen Phasen, den Überblick und die phasenübergeifenden Themen ergibt sich die in Bild 10 beschriebene Grundstruktur des Webs (von der Phasenebene abwärts handelt es sich dabei der Übersichtlichkeit halber um *Knotentypen*).

Bild 10:
Struktur des stdSEM-Webs

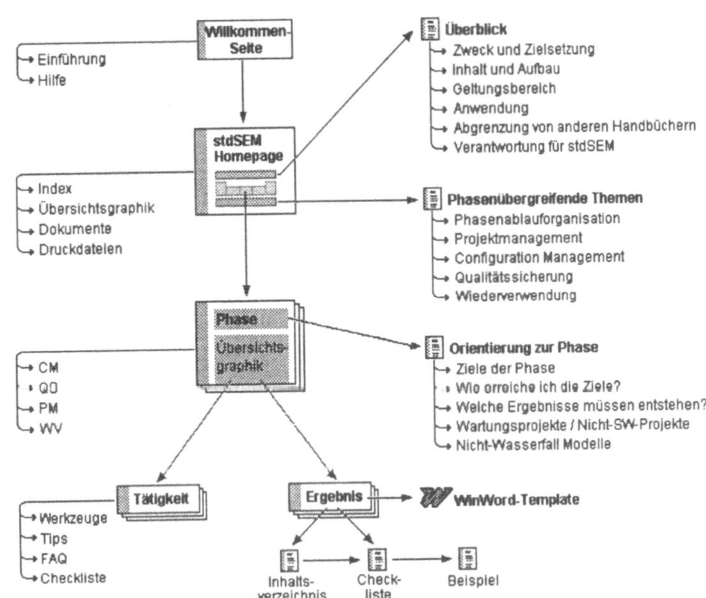

4.4 Textierung und äußere Gestaltung einzelner Seiten

Das Lesen am Bildschirm hat seine eigenen Gesetzmäßigkeiten, die zu berücksichtigen sind, wenn man Texte anbietet, die wirklich gelesen und angewendet werden sollen. Was diese Gesetzmäßigkeiten genau sind, darüber allerdings liegen keine eindeutig umsetzbaren empirischen Forschungsergebnisse vor (noch dazu wird in den verschiedensten Disziplinen geforscht, die ihre Ergebnisse gegenseitig kaum wahrnehmen). Zu zahlreich sind die intervenierenden Parameter, die bei der Rezeption konkreter Bildschirmtexte vorkommen: Bildschirmgröße und -auflösung, Schrifttypen und Schriftgröße, Textauszeichnungen, Binnengliederung, Farbgebung, Einsatz von Graphik im Text und Text in der Graphik, um nur die wichtigsten zu nennen; ganz abgesehen von den wichtigen Leservariablen und der Verwendung bestimmter Browser.

Gestaltungspinzipien für Online-Texte

Dazu kommt noch, daß sich in den letzten Jahren die Praxis wesentlich schneller entwickelt als die Theorie, wenn man etwa die Entwicklung im WWW beobachtet (sowohl was die technischen Möglichkeiten betrifft als auch die textuelle und graphische Gestaltung von Websites). Dennoch lassen sich einige klare Prinzipien für das Textieren von Online-Texten postulieren: Sie müssen kürzer und prägnanter sein als vergleichbare gedruckte Texte, müssen mehr Zwischenüberschriften enthalten, eine klarere Gliederung aufweisen und das Wichtigste unübersehbar machen. Diese Prinzipien sind in mancherlei Hinsicht ähnlich wie bei journalistischen Texten, auch was den Zusammenhang von Text und Bild betrifft. Bei stark verlinkten Hypertexten ist das Prinzip der *kohäsiven Geschlossenheit* einer Seite zu beachten: Der Text einer Seite darf in seiner sprachlichen Struktur nicht – wie bei traditionellen Texten häufig – auf ein Oben und Unten verweisen, da der Autor ja nicht weiß, woher der Leser kommt und wohin er weiterklickt. Eine Seite muß gewissermaßen in sich ruhen und eingebettet sein in ein Netz klar identifizierbarer benachbarter Seiten.

Graphik und Farbe

Der Einsatz von Graphik und Farbe ist in den letzten Jahren bei Online-Texten zu einem wesentlichen Element der Textgestaltung geworden, das den Leseprozeß lenken und strukturieren kann (wichtig z.B. für die Wiedererkennung von Knotentypen, für das Signalisieren wichtiger Inhalte, für das Visualisieren von Zusammenhängen). Dies hat sicherlich etwas mit Mode zu tun; andererseits kann man an derartigen Moden nicht vorübergehen: WWW-Texte müssen offenbar um ihre Leser „buhlen", eine WWW-Seite gänzlich ohne Graphik wird von den Lesern kaum mehr akzeptiert (ähnlich wie eine Nur-Text-Zeitung nicht mehr akzeptiert würde). Daher spielt Graphik in stdSEM auch bei der Gestaltung einzelner Seiten eine wesentliche Rolle, und zwar zur Kennzeichnung der Seite als einem Knotentyp zugehörig und zur Signalisierung weiterführender Links (Icons zur Kennzeichnung von Linktypen, Graphiken für benachbarte Tätigkeiten und Ergebnisse; insgesamt enthält stdSEM 450 Graphiken).

Knotentypen

Zur Veranschaulichung sollen nun Beispiele für einige Knotentypen in stdSEM betrachtet werden. Bild 11 zeigt einen *Tätigkeitsknoten*. Derartige Knoten enthalten immer eine (anklickbare) „Einbettungsgraphik", um das Weiternavigieren zu ermöglichen: „Wo komme ich her – was steht mit dieser Tätigkeit in Zusammenhang – wo gehe ich hin?". Der Text von Tätigkeitsknoten hat immer die gleiche Struktur: Durchführende/r – Ziel der Tätigkeit – kurze Beschreibung der Tätigkeit – weitere Hinweise. In der seitlichen Spalte können Links zu vertiefenden Beschreibungen angeklickt werden (mögliche Knoten sind Checklisten, Tips, Werkzeuge und FAQs, die von den Autoren je nach Bedarf zur Verfügung gestellt werden – diese vertiefenden Beschreibungen werden sukzessive aufgrund der Rückmeldungen der Anwender ergänzt, das Web soll ja weiterwachsen).

Bild 11:
Tätigkeitsknoten

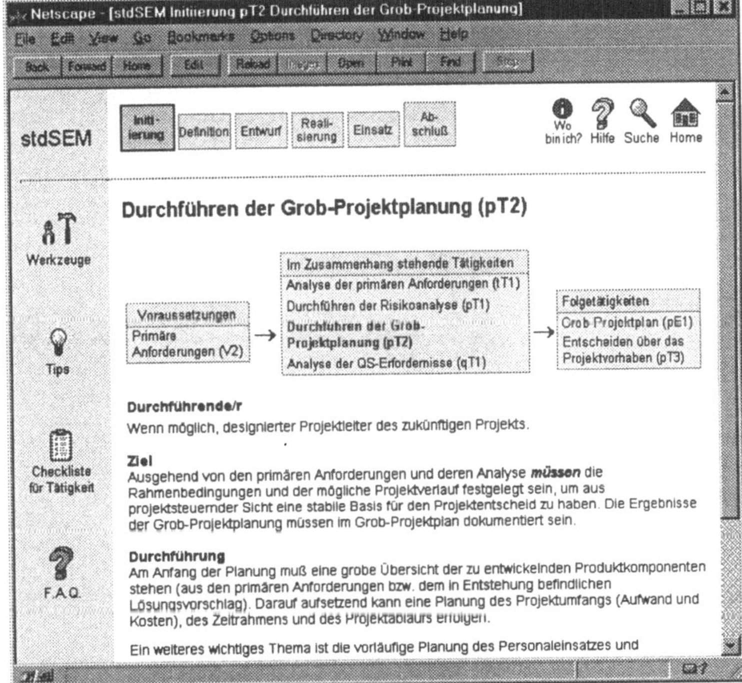

Checklisten sind eine Detaillierung der jeweiligen Tätigkeit, meist in Form eines klar gegliederten Fragenkatalogs und einzelner Tätigkeitsschritte. Sie sind im Web durch einen rosa Hintergrund eindeutig identifizierbar (Bild 12).

Bild 12:
Checkliste für
Tätigkeit

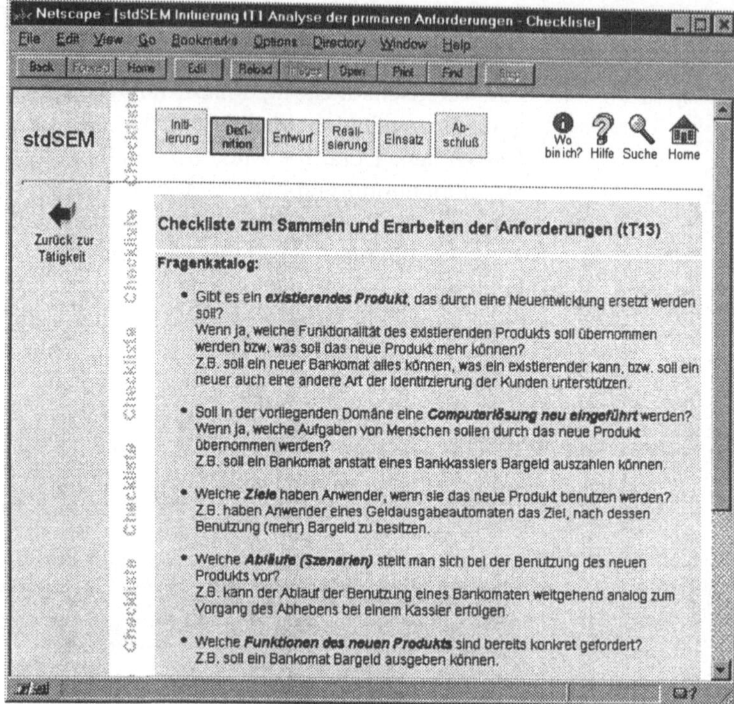

Seiten mit *Tips* sind vom Typus her weniger sachlich als die Checklisten und eher als lockere *„Ezzesgeber"* gedacht, der Anwender wird mit Ratschlägen aus dem „richtigen Leben" persönlich angesprochen (Bild 13).

Bild 13:
Tips zu Tätigkeit

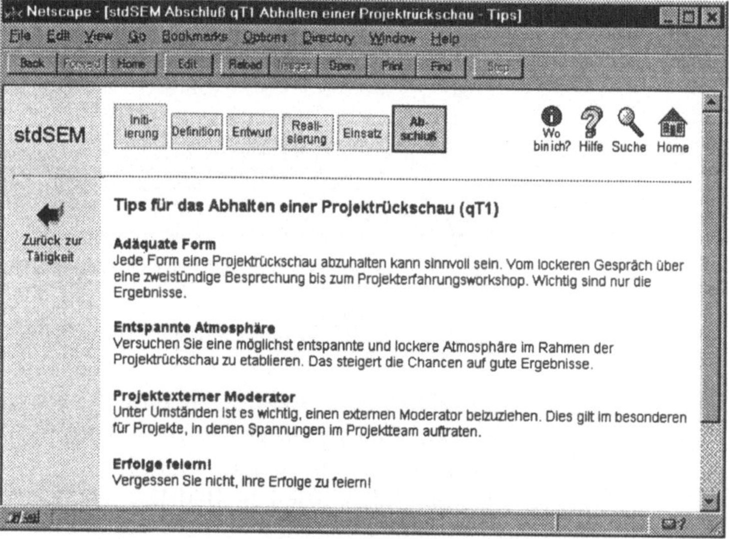

Ergebnisknoten beschreiben die zu erzielenden Ergebnisse: Zweck – Kurzbeschreibung des Ergebnisses – Hinweise (evtl. mit weiterführenden Links). Den Abschluß der Seite bildet das „Wo komme ich her – wo soll ich hingehen?", in etwas anderer Darstellung als bei den Tätigkeitsknoten, um Verwechslungen der Knotentypen zu vermeiden (Bild 14). Die entscheidenden Links bei den Ergebnisknoten finden sich (im Falle von Dokumenten) zum Inhaltsverzeichnis des Dokuments und zur Checkliste (einem kommentierten Inhaltsverzeichnis). Zusätzlich läßt sich hier ein Download des exakt der Checkliste entsprechenden Dokumententemplates durchführen.

Bild 14:
Ergebnisknoten

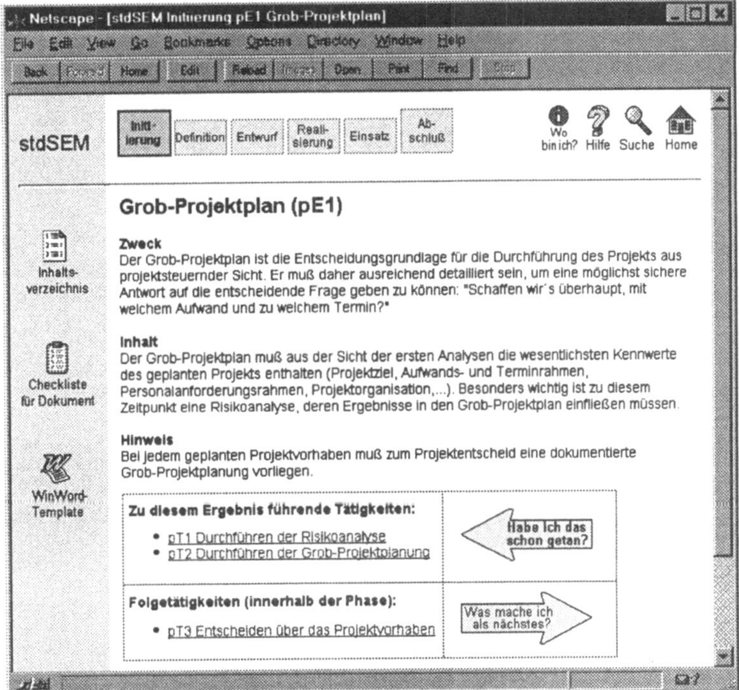

Ein *kommentiertes Inhaltsverzeichnis* (als Checkliste für ein Ergebnis) hat den Vorteil, daß es einerseits Strukturvorgaben für das zu erstellende Dokument enthält, daß es aber andererseits auch in argumentativer oder beispielhafter Weise zeigt, was in einem bestimmten Kapitel stehen soll und warum (Bild 15).

Bild 15:
Checkliste für
Ergebnis

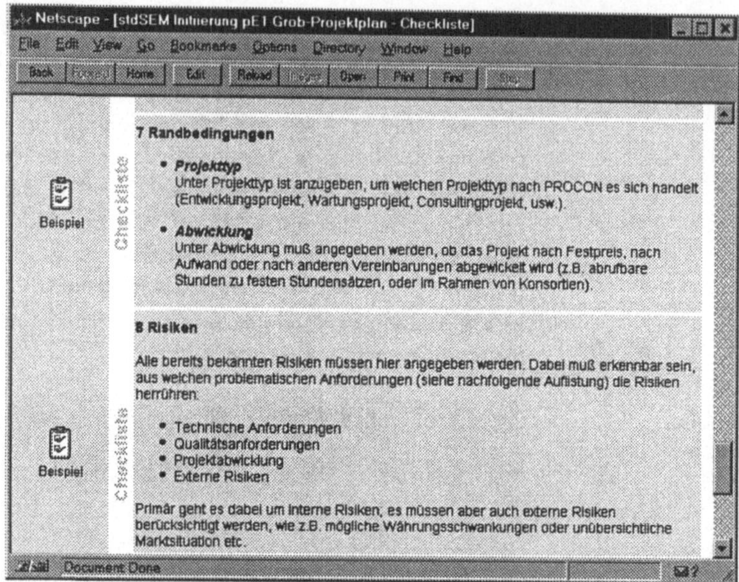

StdSEM bietet zusätzlich die Möglichkeit, vom kommentierten Inhaltsverzeichnis in ein *Beispieldokument* zu klicken (im Web durch einen gelben Hintergrund gekennzeichnet), das kapitelweise exemplarische Dokumenteninhalte enthält, um auf diese Weise noch stärker zu verdeutlichen, worum es jeweils geht (Bild 16).

Bild 16:
Beispieldokument

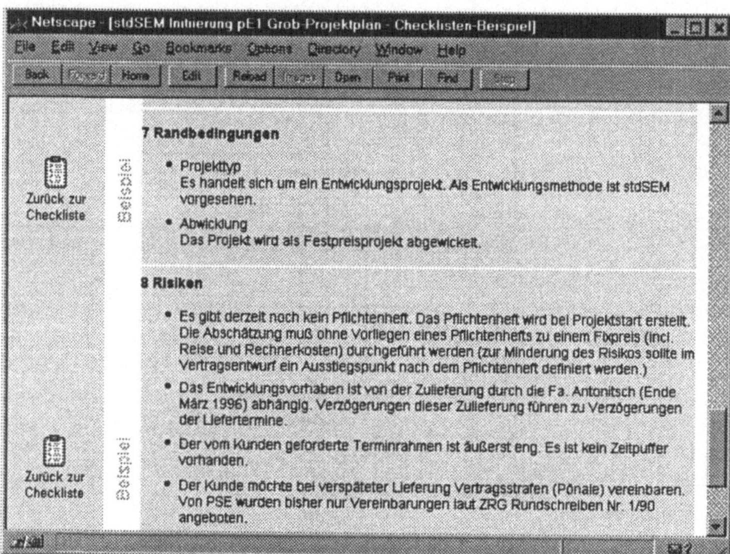

Aus der Kognitionspsychologie ist ja bekannt, daß das Lernen anhand von Beispielen besonders effektiv ist, daß es allerdings auch Gefahren in sich birgt: Der Inhalt von Beispielen wird häufig so dominant wahrgenommen, daß das dahinterstehende Prinzip nicht mehr verstanden wird. Dies war für uns auch ein wichtiger Grund, als Dokumententemplates nicht Beispieldokumente zur Verfügung zu stellen, sondern argumentativ aufbereitete kommentierte Inhaltsverzeichnisse.

4.5 Zugangsstrukturen für den Anwender

Hilfe und Plan des Webs

Aufgrund des Umfangs unseres Webs ist es auch bei deutlicher Typisierung der Seiten unbedingt nötig, Orientierungshilfen anzubieten und unterschiedliche, klar erkennbare Zugangsstrukturen zu ermöglichen. Die Orientierung wird durch einheitliche Kopfzeilen für alle Seiten unterstützt, die Links zur Homepage, zu den Phasen-Homepages, zu einem Hilfesystem und einer „Wo-bin-ich"-Seite enthalten: Beim Aufruf dieser Seite wird der in Bild 10 dargestellte Plan dynamisch aufgebaut, die Position der aktuellen Seite hervorgehoben, und die wichtigsten Links werden angegeben.

Index und Volltextsuche

Für den schnellen Zugang zu Inhalten und Definitionen von Termini dient ein umfangreicher, alphabetisch geordneter *Index* mit Links zu den betreffenden Seiten. Eine ins Web integrierte *Suchmaschine* ermöglicht die Volltextsuche über sämtliche Seiten. Von der Homepage aus können einige weitere Seiten aufgerufen werden, die direkt zu häufig benötigten Informationen führen. Dies ermöglicht den schnellen Zugang zum Download von Dokumenten (in verschiedenen Formaten), zu Ergebnisbeschreibungen und Druckdateien. Diese schnellen Zugangswege zu wichtigen Seiten werden von den Anwendern relativ häufig genutzt (was wir auch empirisch feststellen konnten).

4.6 Trotzdem eine gedruckte Version?

Wenn Online-Informationen über die reine Nachschlagewerk-Funktion hinausgehen, wird früher oder später unweigerlich die Frage auftauchen: *„Gibt es auch eine gedruckte Version, um das Ganze im Zusammenhang zu lesen?"* Nun ist es so, daß der Reiz von Hypertexten gerade in ihrer nicht-linearen Struktur besteht, die ja den informationellen Mehrwert gegenüber einer linearen Version bietet. Ein linearisierter Ausdruck – in welcher Form auch immer – verliert demgegenüber einiges an Attraktivität. Andererseits scheint es bei einem größeren Web schon aus Gründen der Übersichtlichkeit einfach nötig zu sein, die Seiten nicht nur einzeln ausdrucken zu können. Dazu kommt noch, daß die Einstellungen von Browsern und Druckertreibern nicht zentral gesteuert werden können und dadurch Druckergebnisse von HTML-Files ohne entsprechende Einstellungen – gerade beim Einsatz von Graphik – häufig recht unbefriedigend sind.

Printfiles

So entschlossen wir uns schon während der Entwicklung dazu, auch Printfiles anzubieten, die „kapitelweise" in Kurz- und Langform die in eine plausible Reihenfolge gebrachten HTML-Seiten eines Abschnittes enthalten (die Seiten werden nach Knotentypen geordnet, wobei die wichtigsten Teile und Orientierungsseiten am Anfang stehen). Diese Printfiles im PostScript- und PDF-Format enthalten zusätzlich ein Inhaltsverzeichnis und eine durchgehende Seitennumerierung und können unmittelbar aus dem Web heruntergeladen werden (siehe Bild 17). Eine derartige Ansichts- und Druckmöglichkeit hat sich sehr gut bewährt und ermöglichte z.B. schon bei laufender Entwicklung das effiziente Reviewen der entstehenden Seiten, das für stdSEM sowohl auf Papier als auch online stattfand.

Bild 17:
Printfiles im
PostScript- und
PDF-Format

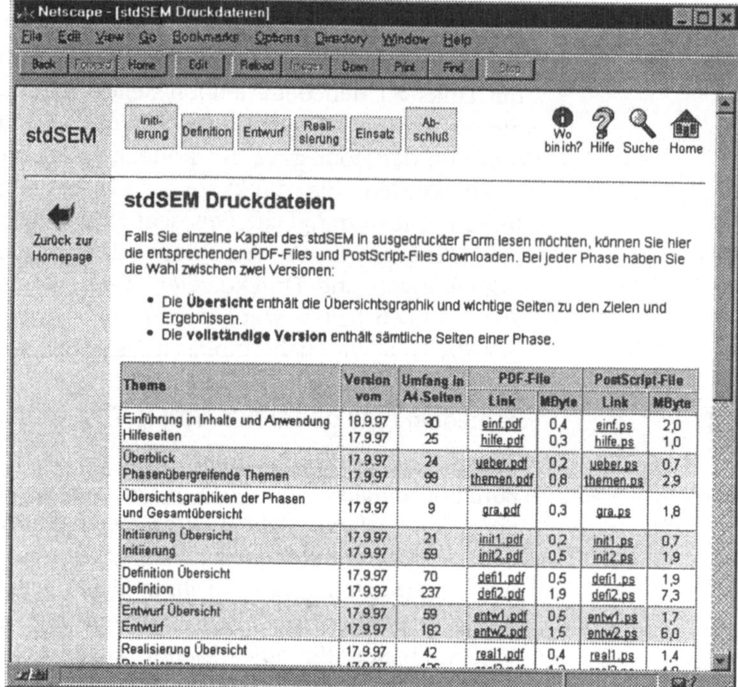

Falls Sie einzelne Kapitel des stdSEM in ausgedruckter Form lesen möchten, können Sie hier die entsprechenden PDF-Files und PostScript-Files downloaden. Bei jeder Phase haben Sie die Wahl zwischen zwei Versionen:

- Die **Übersicht** enthält die Übersichtsgraphik und wichtige Seiten zu den Zielen und Ergebnissen.
- Die **vollständige Version** enthält sämtliche Seiten einer Phase.

Thema	Version vom	Umfang in A4-Seiten	PDF-File Link	PDF-File MByte	PostScript-File Link	PostScript-File MByte
Einführung in Inhalte und Anwendung	18.9.97	30	einf.pdf	0,4	einf.ps	2,0
Hilfeseiten	17.9.97	25	hilfe.pdf	0,3	hilfe.ps	1,0
Überblick	17.9.97	24	ueber.pdf	0,2	ueber.ps	0,7
Phasenübergreifende Themen	17.9.97	99	themen.pdf	0,8	themen.ps	2,9
Übersichtsgraphiken der Phasen und Gesamtübersicht	17.9.97	9	gra.pdf	0,3	gra.ps	1,8
Initiierung Übersicht	17.9.97	21	init1.pdf	0,2	init1.ps	0,7
Initiierung	17.9.97	59	init2.pdf	0,5	init2.ps	1,9
Definition Übersicht	17.9.97	70	defi1.pdf	0,5	defi1.ps	1,9
Definition	17.9.97	237	defi2.pdf	1,9	defi2.ps	7,3
Entwurf Übersicht	17.9.97	59	entw1.pdf	0,5	entw1.ps	1,7
Entwurf	17.9.97	182	entw2.pdf	1,5	entw2.ps	6,0
Realisierung Übersicht	17.9.97	42	real1.pdf	0,4	real1.ps	1,4

4.7 Der Entstehungs- und Einführungsprozeß

4.7.1 „Collaborative Authoring" mit Hilfe eines Authoring-Tools

Erst nach diesen wichtigen Entscheidungen über Design, Struktur, Textierung und Zugangswege sollte ans Formulieren der einzelnen Texte gegangen werden. Unsere Erfahrungen in diesem Zusammenhang lassen sich wie folgt zusammenfassen: Bei einem größeren Web ist es unbedingt nötig, weg vom HTML-Code zu gehen und ein möglichst komfortables Authoring-Tool zu verwenden, das *Collaborative Authoring* erlaubt (mehrere Autoren schreiben gemeinsam an einem Web). Dieses Authoring-Tool muß die Strukturierung der Website ermöglichen, die Linkerstellung und -überprüfung unterstützen und zudem den Schreibprozeß möglichst wenig hemmen (am besten sind Editiermöglichkeiten ähnlich wie bei modernen Textverarbeitungsprogrammen mit WYSIWYG-Darstellung); sonst werden die Autoren beim Schreiben der doch recht anspruchsvollen Texte ständig von „niedrigen Verwaltungstätigkeiten" gestört *(„cognitive overload")*.

Form und Inhalt eng ineinander verwoben

Eine totale Trennung von schreibenden und WWW-gestaltenden Tätigkeiten (die Textautoren quasi nur als Zulieferanten von Netto-Text) halten wir für nicht sinnvoll, da auch beim Schreiben die Gestaltung der Seite von Belang ist; gerade bei modernen, graphisch orientierten HTML-Seiten sind Form und Inhalt relativ eng ineinander verwoben, der Entstehungs- und Gestaltungsprozeß hängen voneinander ab. Andererseits lenken die vordefinierten Knotentypen die Textgestaltung in die nötige einheitliche Richtung, was gerade bei paralleler Arbeit mehrerer Autoren besonders wichtig ist.

4.7.2 Usability-Tests

Erste vorliegende Teile des Webs und weitere Zwischenergebnisse sollten unbedingt Usability-Tests unterzogen werden (unter Beteiligung realer zukünftiger Anwender), um zu überprüfen, ob die tentativen Annahmen der Designer/Autoren überhaupt zutreffen. Besonders die Orientierungsmöglichkeiten, Strukturvorgaben und die prinzipielle Anwendbarkeit der vorliegenden Beschreibung im Projektalltag müssen überprüft werden. Daneben gilt es auch banalere Usability-Themen zu berücksichtigen wie etwa die Gestaltung und Verständlichkeit der verwendeten Icons.

Konsequenzen
bei stdSEM

Usability-Tests, die wir in einer recht frühen Phase der stdSEM-Entwicklung durchführten, hatten zum Teil unmittelbare Konsequenzen auf die Gestaltung einiger Seiten: Manche inhaltlich wichtigen Orientierungsthemen mußten graphisch stärker hervorgehoben werden, damit die Anwender auch zu diesen Beschreibungen gelangten; manche Icons wurden überarbeitet, da sie sich als mißverständlich herausstellten; die dynamisch aufgebaute „Wo-bin-ich"-Seite war auch eine wichtige Reaktion auf das *„lost in hyperspace"* einiger Versuchspersonen.

4.7.3   Überprüfung der entstehenden Texte

Die nun langsam entstehenden Texte mußten auf irgendeine Weise überprüft werden, da sie doch von erheblicher Relevanz für den Entwicklungsbereich Programm- und Systementwicklung sind. Ein „traditionelles Reviewverfahren", wie es bei Dokumentenreviews üblich und effizient ist (mit schriftlichen Anmerkungen, Zeilennummern des Fehlers etc.) stellte sich allerdings als relativ schwerfällig heraus, weil der Prüfer ja zusätzlich zum gedruckten Text auch die Online-Version überprüfen mußte (sind u.a. die Links richtig gelegt?). Am besten hat sich bei uns folgendes Vorgehen bewährt: Durchgehen der zu überprüfenden Teile am Bildschirm; parallel dazu liegt ein ausgedrucktes Exemplar des Abschnitts vor, in das handschriftlich die Anmerkungen eingebracht werden. Anschließend erfolgt eine kurze Diskussion mit dem Autor und das Überarbeiten der entsprechenden Seiten.

4.7.4   Einführung und ständige Weiterentwicklung der neuen Methode

Im stdSEM-Web sind zwei Online-Einführungen enthalten: Einerseits werden die neuen *Inhalte* von stdSEM im übersichtlichen Zusammenhang dargestellt, andererseits wird eine Einführung in die *Handhabung* des Webs geboten. Zusätzlich steht noch von jeder Seite aus ein umfangreiches Hilfesystem zur Verfügung.

Kurzschulung
nötig

Dennoch ist bei derartig großen und für die Projektabwicklung wichtigen Webs eine kurze zusätzliche Schulung und Bekanntmachung nötig: Wir taten dies in zweistündigen Einführungsveranstaltungen mit Online-Vorführung, die zusätzlich mit Informationen über das firmeninterne QS-System gekoppelt war (als „appetizer" fungierte auch eine Online-Rätselrallye, bei der einige Preise zu gewinnen waren). Darüberhinaus wurden die Entwicklungsmethodik-bezogenen Schulungen auf die neue Methode umgestellt; das Entwicklungshandbuch im Intranet ist ein prominenter Bestandteil der jeweiligen Kurse.

Rückmeldungen

Gerade bei online-verfügbaren Informationen ist die ständige Wartung und Weiterentwicklung des Informationsangebots besonders wichtig: Dies wird von den Anwendern geradezu erwartet und ist zudem technisch wesentlich leichter zu bewerkstelligen ist als bei traditionellen Medien. Wesentlichen Input dazu liefert ein in das Web integriertes Diskussionsforum und die Möglichkeit, an den für die Inhalte zuständigen Webmaster mittels E-mail heranzutreten (von jeder Seite des Webs aufrufbar). Dadurch ist sowohl kurzfristiger unmittelbarer Support als auch die mittelfristige Weiterentwicklung des Webs möglich.

4.8 Zusammenfassung

In diesem Kapitel wurden folgende Punkte behandelt:

- Für ein Software-Entwicklungshandbuch bietet sich die Lösung als *Intranet-Applikation* wegen zahlreicher praktischer Vorteile an.

- Große Webs müssen *designt* werden. Dies betrifft die *Gesamtstruktur* und die Definition von *Knoten- und Linktypen.* Bestehende Texte können nicht einfach übernommen, sondern müssen *neu textiert* werden: Nur dann besteht die berechtigte Chance, daß die Ergebnisse von den Anwendern auch akzeptiert und angewendet werden.

- Den Anwendern müssen unterschiedliche *Zugangsstrukturen* und zahlreiche *Orientierungsmöglichkeiten* zur Verfügung gestellt werden.

- Derartige Aufgaben verlangen eine geeignete *Toolunterstützung* für *Collaborative Web Authoring.*

- Es empfiehlt sich unbedingt, im Entstehungsprozeß *Usability-Tests* vorzusehen.

Teil II

Das Vorgehensmodell SEM-VM

5 Einleitung

5.1 Zweck und Zielsetzung des Vorgehensmodells SEM-VM

SEM-VM dokumentiert alle Regelungen der Systementwicklungsmethode *SEM*, die im Sinne eines *Vorgehensmodells* bei der Abwicklung von Systementwicklungsprojekten verbindlich anzuwenden sind. Dadurch wird die Entwicklung von *Software, Hardware, Firmware* und *Orgware* selbst beziehungsweise die Erarbeitung von Lösungen, die solche Komponenten umfassen, einem definierten Prozeß unterworfen, der in seiner Reife bewertbar und somit ständig verbesserbar ist.

Es gibt Projekte, bei denen die zur Lösung der Aufgabenstellung erforderlichen Software- und Hardware-Komponenten ausschließlich gekauft bzw. in Lizenz erworben werden.

Auch für solche Projekte ist das SEM-Vorgehensmodell anwendbar, an die Stelle von Entwicklungsaktivitäten treten in diesen Fällen die Auswahl, Evaluierung und etwaige Parametrierung der eingekauften Produkte. Die SEM-Ausprägung SEM-HL behandelt z.B. neben den Entwicklungsprojekten explizit die Abwicklung solcher Projekte.

Ausprägungen von SEM-VM

In Übereinstimmung mit den Regelungen des *SEM-VM* können Verfahrensbeschreibungen abgeleitet werden, die als *Ausprägung* des *SEM-VM* für spezielle Anwendungsbereiche, spezielle Produktklassen, spezielle Entwicklungsparadigmen oder ähnliches gelten und in eigenen Entwicklungshandbüchern dokumentiert sind. *SEM-VM* bildet damit gewissermaßen den verpflichtenden Rahmen für die konkreten Bestimmungen und Anweisungen, die sich in den *Ausprägungen* finden (angepaßt an die speziellen Gegebenheiten des „Ausprägungsbereichs" und unterschiedlicher Projekttypen).

Zusätzlich zu *SEM-VM* und den *Ausprägungen* gibt es eine Reihe von *Leitfäden*, die empfehlenden Charakter haben und als Unterstützung der konkreten Arbeit in den Projekten dienen.

EN ISO 9001

Die Systementwicklungsmethode *SEM* ist konform zur Norm EN ISO 9001 für die Entwicklung, Lieferung und Wartung von Systemen und berücksichtigt bezüglich der Softwareanteile die

Empfehlungen des Leitfadens EN ISO 9000 Teil 3 sowie entsprechende IEEE/ANSI-Normen.

SEM ist im Qualitätsmanagementsystem der SIEMENS AG Österreich für den Bereich der Programm- und Systementwicklung (PSE) verankert.

5.2 Inhalt des Vorgehensmodells SEM-VM

Das Vorgehensmodell *SEM-VM* legt die im Sinne der Zielsetzung unverzichtbaren Merkmale und Praktiken fest, die sich in allen *Ausprägungen* von *SEM* wiederfinden müssen. Wichtigste gemeinsame Merkmale für alle Ausprägungen der Systementwicklungsmethode *SEM* sind

- eine einheitliche Grobphaseneinteilung des Entwicklungsprozesses,
- einheitlich geforderte *Pflichtergebnisse* pro Phase,
- einheitlich geforderte *Pflichtmeilensteine* pro Phase,
- einheitliche Tätigkeitsbereiche (technisch, qualitätssichernd, projektsteuernd) bei der Abwicklung des Entwicklungsprozesses,
- Grundsätzliche Festlegungen und Maßnahmen bezüglich
  - Projektmanagement,
  - Qualitätssicherung,
  - Configuration Management,
  - Dokumentation,
  - Wiederverwendung.

Zusätzlich finden sich Angaben über

- anwendbare Phasenablaufmodelle und
- typische Arbeitsinhalte der Entwicklungsphasen.

5.3 Geltungsbereich des Vorgehensmodells SEM-VM

Das Vorgehensmodell *SEM-VM* ist auf Vorhaben abgestimmt, die als *Projekte* abgewickelt werden.

Unter Projekt versteht man allgemein betrachtet ein auf ein konkretes Ergebnis (Projektziel) ausgerichtetes einmaliges Vorhaben, für das ein Durchführungsplan, eine definierte Zeitspanne und ein definierter Mittelumfang existieren.

Verwendung einer
Ausprägung

Je nach Art des *Projekts* ist bei der Durchführung eine entsprechende *Ausprägung* von *SEM* zu verwenden (stdSEM, ooSEM etc.).

Software, Hardware,
Firmware, Orgware

Die in *SEM-VM* enthaltenen Regelungen sind innerhalb des vorgesehenen Geltungsbereichs auf jene Organisationseinheiten anwendbar, die an einer Projektdurchführung zur Entwicklung oder zur Erarbeitung einer Einsatzlösung von Software, Hardware, Firmware und Orgware unmittelbar beteiligt sind.

Die Tätigkeiten von Stellen, die außerhalb des Entwicklungsbereichs an Projekten mittelbar beteiligt sind, werden von *SEM-VM* nicht geregelt. Dies betrifft insbesondere

- kaufmännische Bereiche,

- Vertriebsbereiche,

- zentrale Dienstleistungsbereiche.

Diese Stellen sind aber sehr wohl von den vorliegenden Regelungen betroffen, da ja zahlreiche in *SEM-VM* geforderte Tätigkeiten in Abstimmung mit anderen Bereichen durchgeführt werden (z.B. Projektplanung, Controlling, Beschaffung etc.). Die zentralen Zusammenhänge zwischen *Geschäftsprozeß* und *Entwicklungsprozeß* werden bei der Beschreibung des Projektmanagements dargestellt (Kapitel 6.4).

Rahmenphasen

Alle *Vorhaben*, die angestoßen werden, *müssen* die sogenannten *Rahmenphasen* durchlaufen *(Initiierung* und *Abschluß)*, unabhängig davon, ob es tatsächlich zur Durchführung eines *Projekts* kommt.

Durchführungsphasen

Alle *Vorhaben*, für die am Ende der Phase *Initiierung* ein positiver *Projektentscheid* zur Durchführung als *Projekt* nach SEM getroffen wurde, *müssen* als Projekt die sogenannten *Durchführungsphasen* durchlaufen *(Definition, Entwurf, Realisierung, Einsatz);* ausgenommen natürlich bei einem Projektabbruch.

Die Durchführung von Vorhaben, für die entschieden wurde, sie nicht als *Projekt* nach *SEM* abzuwickeln, fällt nicht unter den Geltungsbereich von *SEM-VM* (Vorgehen nach anderer Entwicklungsmethode oder z.B. in Form von Studien o.ä.).

5.4 Anwendung des Vorgehensmodells SEM-VM

Hauptanwendung des *SEM-VM* ist die Ableitung von *SEM-Ausprägungen* unter Berücksichtigung der im Vorgehensmodell festgelegten Bestimmungen und dazu geltender Übernahmeregeln.

5.4.1 Bestimmungen

Im *SEM-VM* werden Bestimmungen generell in drei Kategorien festgelegt, die sich auch in allen *Ausprägungen* in gleicher Bedeutung wiederfinden müssen:

- als *verpflichtende Festlegung* (muß-Bestimmung): Sie erkennt man im Text an der Formulierung *„muß"*. Sie muß ohne Ausnahme befolgt werden.
  In manchen Fällen handelt es sich dabei um eine bedingt *verpflichtende Festlegung* („bedingte" muß-Bestimmung): Sie erkennt man an der Formulierung *„muß"* und einer Bedingung, die für ihr Zutreffen erfüllt sein muß. Die Bestimmung muß immer dann befolgt werden, wenn die bei ihr angegebenen Voraussetzungen zutreffen; wenn die Voraussetzungen für die Verpflichtung nicht vorliegen, entfällt sie gänzlich oder kann eventuell auch zu einer vorgesehenen Festlegung oder Empfehlung werden.

- als *vorgesehene Festlegung* (soll-Bestimmung): Sie erkennt man im Text an der Formulierung *„soll"*. Ihre Befolgung ist im Vorgehensmodell vorgesehen; Nichtbefolgung bedarf einer Absprache mit allen Betroffenen sowie einer Begründung im *Qualitätssicherungsplan* des *Projekts*.

- als *Empfehlung* (kann-Bestimmung): Sie erkennt man im Text an der Formulierung *„kann"*. Ihre Nichtbefolgung bedarf keiner Begründung.

5.4.2 Übernahme von Bestimmungen

Alle Bestimmungen, die im *SEM-VM* festgelegt sind, haben definierte Auswirkungen auf die in den *Ausprägungen* erlaubten Bestimmungen, die wiederum Auswirkungen auf erlaubte Bestimmungen innerhalb der gemäß der jeweiligen *SEM-Ausprägung* abgewickelten Projekte haben. Diese Auswirkungen sind in Form von Übernahmeregeln für alle Arten von Bestimmungen definiert, die befolgt werden *müssen* (man könnte hier von einem „Vererbungsmechanismus" sprechen). Die für die Ableitung von *SEM-Ausprägungen* geltenden Übernahmeregeln folgen dem in Tabelle 6 dargestellten Schema.

Damit wird erreicht, daß in *SEM-Ausprägungen* oder bei Projektabwicklungen keine unbegründete Abschwächung von Bestimmungen erfolgen kann, womit insbesondere deren Konformität zur Norm EN ISO 9001 uneingeschränkt erhalten bleibt.

<table>
<tr><td rowspan="7">Tabelle 6:
Übernahmeregeln
der kann/muß/soll-
Bestimmungen für
SEM-Aus-
prägungen</td><td>SEM-VM</td><td>SEM-Ausprägung</td></tr>
<tr><td>muß-Bestimmung</td><td>muß-Bestimmung</td></tr>
<tr><td rowspan="1">bedingte muß-
Bestimmung</td><td>muß-Bestimmung

bedingte muß-Bestimmung

keine/kann-/soll- Bestimmung
(wenn Bedingung in Ausprägung
irrelevant)</td></tr>
<tr><td>soll-Bestimmung</td><td>muß-Bestimmung

soll-Bestimmung

kann-Bestimmung
(Begründung bei der Einführung der
Ausprägung erforderlich)

keine Bestimmung
(Begründung bei der Einführung der
Ausprägung erforderlich)</td></tr>
<tr><td>kann-Bestimmung</td><td>muß-Bestimmung

soll-Bestimmung

kann-Bestimmung

keine Bestimmung</td></tr>
</table>

<table>
<tr><td>Zusätzliche
Bestimmungen
in Ausprägungen</td><td>Neben übernommenen Bestimmungen *können* in den *SEM-Ausprägungen* noch zusätzliche Bestimmungen vorhanden sein:</td></tr>
</table>

- solche, die durch erforderliche Differenzierungen bei der „Vererbung" aus dem *SEM-VM* entstehen,

- solche, die nur in der entsprechenden *Ausprägung* sinnvoll sind.

All diese zusätzlichen Bestimmungen *müssen* jedoch nach wie vor mit allen Bestimmungen aus *SEM-VM* verträglich sein, dürfen also insbesondere diesen nicht in ihrer Aussage widersprechen (vor jeder Freigabe einer Version einer *SEM-Ausprägung* für die PSE erfolgt eine diesbezügliche Prüfung durch den Fachkreis für Qualitätsmanagement).

Die für die nach konkreten *SEM-Ausprägungen* abgewickelten *Projekte* geltenden Übernahmeregeln folgen dem in Tabelle 7 dargestellten Schema.

<table>
<tr><td rowspan="2">Tabelle 7:
Übernahmeregeln
der kann/muß/soll-
Bestimmungen für
Projekte</td><td colspan="2"></td></tr>
</table>

SEM-Ausprägung	*Projekt*
muß-Bestimmung	muß-Bestimmung
bedingte muß-Bestimmung	muß-Bestimmung
	keine Bestimmung (wenn Bedingung irrelevant)
soll-Bestimmung	muß-Bestimmung
	soll-Bestimmung
	kann-Bestimmung (Begründung im Projekt erforderlich)
	keine Bestimmung (Begründung im Projekt erforderlich)
kann-Bestimmung	muß-Bestimmung
	soll-Bestimmung
	kann-Bestimmung
	keine Bestimmung

Weitere Bestimmungen in Projekten

Auch im Geltungsbereich von *Projekten* können außer den durch die *SEM-Ausprägung* vorgegebenen Bestimmungen weitere festgelegt werden. Methodikbezogene Maßnahmen innerhalb eines Projekts, die nicht in *SEM*-Handbüchern/-Leitfäden gefordert oder empfohlen sind, *müssen* auf Widerspruchsfreiheit zu *SEM* überprüft werden und im *QS-Plan* des Projekts vermerkt werden (z.B. Überprüfung von Case-Tools hinsichtlich der Eignung, Anforderungen an das Configuration Management zu erfüllen).

5.4.3 Übernahme von Namen

Die im *SEM-VM* verwendeten Namen für Ergebnisse und Dokumente verstehen sich als eindeutige, übergeordnete Begriffe, die inhaltlich orientiert sind (im Sinne einer objektorientierten Betrachtungsweise wären sie Namen von „Klassen"). Somit können diese Namen stellvertretend für mehrere konkrete Ausprägungen von Ergebnissen oder Dokumenten, aber auch nur für entsprechende Inhaltsteile in konkreten Ergebnissen oder Dokumenten stehen. Damit gelten folgende Regeln für die konkrete Umsetzung der Namen in den Ausprägungen:

1. Die im *SEM-VM* geforderten Ergebnisse oder Dokumente *können* sich anders als in 1:1-Form in Ergebnissen oder Dokumenten der Ausprägungen wiederfinden, lediglich die Inhalte *müssen* leicht auffindbar abgebildet sein.

   Am Beispiel von Dokumenten gezeigt heißt das etwa:
   Die Pflichtergebnisse WV-Plan, CM-Plan und QS-Plan *können* z.B. in einem gemeinsamen Dokument zusammengefaßt werden, sie *können* allerdings auch als Einzeldokumente realisiert werden.

2. Die Namen von Dokumenten und Ergebnissen *können* – sofern sinnvoll – in den Ausprägungen geändert werden, sie müssen also nicht identisch aus dem *SEM-VM* übernommen werden; es sollte allerdings auf möglichst große Namenskonformität geachtet werden.

   Ein Beispiel:
   Das *SEM-VM* spricht von „Anforderungsspezifikation"; in Ausprägungen *kann* durchaus von „Leistungsbeschreibung", „Lastenheft" oder „Pflichtenheft" gesprochen werden, nur die inhaltlichen Bestimmungen aus dem *SEM-VM* hinsichtlich dieses Ergebnisses *müssen* erfüllt sein.

3. Die Namen für die im *SEM-VM* definierten Phasen *müssen* (der Übersichtlichkeit halber) in den Ausprägungen beibehalten werden (die Phasen können allerdings in Teilphasen gegliedert werden).

Durch diese einfachen Regeln soll zum einen erreicht werden, daß die einheitlichen Prinzipien des *SEM-VM* in allen Bereichen zur Geltung gelangen, zum anderen jedoch die gewachsene Kultur von Entwicklungsbereichen in den Ausprägungen ausreichend berücksichtigt wird.

5.5 Abgrenzung zu anderen Handbüchern

Die konkreten Verfahrensanweisungen zu *SEM* finden sich in den *Ausprägungen* (teilweise als Entwicklungshandbücher, teilweise elektronisch realisiert).

Neben den Ausprägungen existieren *Leitfäden* zu ausgewählten Aspekten des Vorgehensmodells (wie z.B. Durchführung von Reviews, Grundlagen und Planung von Configuration Management, Projektinitiierung etc.), die fallweise noch spezialisiert zu unterschiedlichen *SEM-Ausprägungen* vorliegen können. Zu jedem dieser Themen finden sich in den *Leitfäden* neben Angaben zur Vorgehensweise Hinweise zu anwendbaren Methoden, Verfahren und Tools sowie Vorschläge für Dokumenteninhalte, Checklisten und Gestaltungsvorlagen für Formulare. Bei wichtigen Themen sind auch ausführliche Beispiele enthalten. Im Gegensatz zu den Ausprägungen enthalten *Leitfäden* keine verpflichtenden oder vorgesehenen Festlegungen, sondern reine Empfehlungen.

Bild 18 zeigt beispielhaft das dadurch entstehende System von Handbüchern.

Bild 18:
System von Handbüchern nach SEM

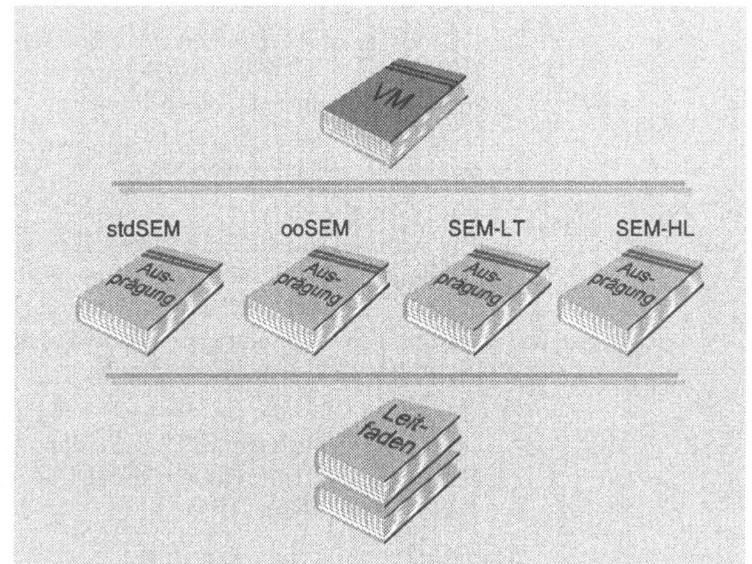

5.6 Verantwortung für SEM-VM

Für den Inhalt des Vorgehensmodells *SEM* ist der Fachkreis für Qualitätsmanagement der PSE verantwortlich.

5.7 Hinweise für den Leser

Die Beschreibung des Vorgehensmodells *SEM-VM* ist so gestaltet, daß sie einem Erstanwender bei linearem Durchlesen eine verständliche Darstellung des gesamten Modells bietet. Für das Verständnis des Inhalts wichtige Begriffe und Abkürzungen sind unter „Begriffsbestimmungen und Abkürzungen" im Anhang erläutert. Im Text erkennt man solche Begriffe an der *kursiven* Darstellung.

Festlegungen

Die Verwendung der Wörter „kann", „soll" und „muß" in der in Kapitel 5.4 dargestellten Bedeutung als Empfehlung, vorgesehene und verpflichtende Festlegung ist ebenfalls an der *kursiven* Darstellung erkennbar. Bei den graphischen Überblicksdarstellungen der Voraussetzungen, Tätigkeiten und Ergebnisse in Kapitel 7 sind muß-Bestimmungen immer **fett**, bedingte muß-Bestimmungen *kursiv* und soll-Bestimmungen ohne Auszeichnung angegeben.

5.8 Zum Aufbau von Teil II des Buches

- Kapitel 6 enthält die allgemeinen Prinzipien des Vorgehensmodells (Phasenorganisation, Tätigkeiten, Meilensteine), die möglichen Formen der Phasenablauforganisation sowie zentrale Aussagen zu übergreifenden Themen (Projektmanagement, Configuration Management, Qualitätssicherung, Wiederverwendung).

- Kapitel 7 stellt die Projektphasen und deren Ablauf detailliert dar (Ziele, Voraussetzungen, Tätigkeiten, Ergebnisse, Meilensteine sowie entsprechende Abhängigkeiten zur Phasenablauforganisation).

- Kapitel 8 enthält die Darstellung der wesentlichen Inhalte für Pläne und Dokumente, die als verpflichtende Vorgaben für die Ausprägungen anzusehen sind (verpflichtende Gliederungen sind erst auf Ausprägungsebene sinnvoll).

- Kapitel 9 enthält Angaben über verpflichtende Checklisten in den Ausprägungen sowie Vorgaben zu deren Aufbau.

Vorgehensmodell zur Systementwicklung

6.1 Allgemeines

In diesem Kapitel finden sich

1. alle globalen Festlegungen, die das Phasenmodell betreffen *(Phasenorganisation* und *Phasenablauforganisation)*. Pro Phase sind die im Modell vorgesehenen Ziele, Tätigkeiten, Meilensteine und wesentlichen Ergebnisse kurz beschrieben. Zu den vorgesehenen Formen der Phasenablauforganisation finden sich jeweils eine Charakterisierung und eine Anwendungsempfehlung. Die einzelnen Phasen des Phasenmodells, die festgelegten Voraussetzungen, Tätigkeiten und Ergebnisse sind in Kapitel 7 detailliert beschrieben.

2. alle globalen Festlegungen, die der phasenübergreifenden projektorganisatorischen Abwicklung dienen *(Projektmanagement, Configuration Management, Qualitätssicherung, Wiederverwendungs-Management)*.

6.2 Phasenorganisation, Tätigkeiten, Meilensteine

Im SEM-Vorgehensmodell ist eine einheitliche *Phasenorganisation* mit verbindlichen Phasen festgelegt. Diese Phasen gliedern den gesamten Entwicklungs- bzw. Durchführungsvorgang inhaltlich in definierte Abschnitte mit überprüfbaren Ergebnissen.

Phasen mit
Ergebnissen

Die Phasen sind nicht willkürlich festgelegt, sondern durch inhaltliche Ziele bestimmt, deren Erreichen sich an den Ergebnissen widerspiegeln *muß*. Jeder Entwicklungsschritt wird dabei durch einen Prüfschritt abgeschlossen.

Nur so kann beim Planen und Entwerfen der Lösung die unerkannte „Verschleppung" von Fehlern in das realisierte Produkt verhindert werden. Nur so können auch große Entwicklungsvorhaben strukturiert und ohne Qualitätsverlust großen Teams zugewiesen werden.

Rahmenphasen
Initiierung und
Abschluß

Der Lebenszyklus eines Projekts beginnt nach den Festlegungen des SEM-Vorgehensmodells mit einem Anstoß zu einem Projektvorhaben (Phase *Initiierung*) und endet mit einem geordneten

Abschluß (Phase *Abschluß*). Initiierung und Abschluß sind die *Rahmenphasen* im SEM-Vorgehensmodell.

Rahmenphasen verpflichtend

Die *Rahmenphasen müssen* immer durchlaufen werden. Diese Regelung gilt auch dann, wenn bei der Initiierung entschieden wird, ein *Vorhaben* überhaupt nicht durchzuführen, nicht als *Projekt* durchzuführen oder nach einem anderen Vorgehensmodell als *SEM* vorzugehen.

Wenn entschieden wird, *kein* Projekt durchzuführen (negativer Projektentscheid), dann *soll* der Projektabschluß unmittelbar nach dem Projektentscheid durchgeführt werden (das für den Abschluß geforderte Berichtswesen kann sich dann auf wenige Zeilen im Projektentscheid beschränken).

Durchführungs- phasen

Für die eigentliche Durchführung eines Projekts sind im SEM-Vorgehensmodell folgende Phasen *(Durchführungsphasen)* verpflichtend festgelegt:

* *Definition,*
* *Entwurf,*
* *Realisierung,*
* *Einsatz.*

Mit jeder Phase sind bestimmte Voraussetzungen, Tätigkeiten, Ergebnisse sowie *Meilensteine* verbunden (genaue Angaben finden sich in Kapitel 7).

Bild 19 zeigt den gesamten damit möglichen Lebenszyklus nach dem SEM-Vorgehensmodell.

Bild 19:
Lebenszyklus
eines Projekts

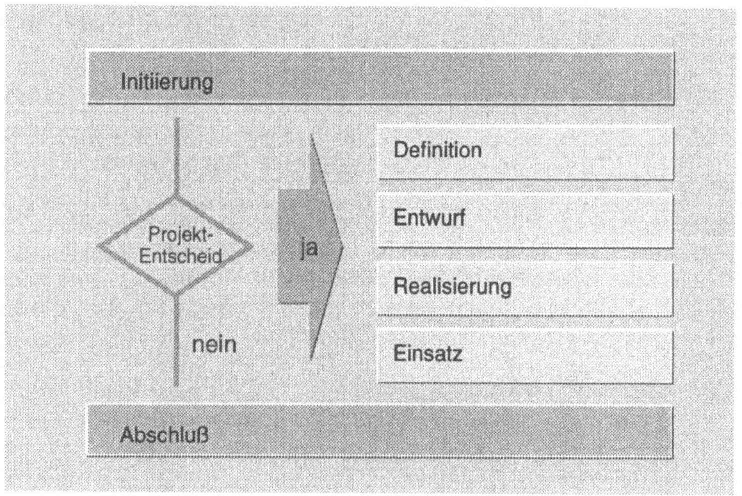

Abwicklung nach positivem Projektentscheid

Kommt es in der Phase *Initiierung* zu einem positiven *Projektentscheid*, so *muß* bei einer weiteren Abwicklung des *Projekts* nach *SEM* mindestens die Phase *Definition* in Angriff genommen werden. Im Zuge der *Projektplanung* bzw. der Anforderungsbehandlung kommt es dann zur Festlegung der weiteren Projektphasen oder auch zu einem Abbruch (etwa, wenn im Zuge der Anforderungsbehandlung ein *Angebot* erstellt wird, aber der Zuschlag nachher nicht erteilt wird).

Prinzipiell *können Projekte* nach dem Durchlaufen der Phase *Initiierung* auch nach anderen Vorgehensmodellen (etwa von Auftraggebern vorgegebenen) durchgeführt werden.

Phase Abschluß

Den Abschluß des vorgegebenen bzw. projektspezifisch gewählten Lebenszyklus *muß* die Phase *Abschluß* bilden, unabhängig davon, ob die Durchführung nach *SEM* erfolgte oder nicht (auch bei negativem Projektentscheid oder Abbruch des Projekts ist die Phase Abschluß verpflichtend).

Die *Durchführungsphasen müssen* während der Projektabwicklung nach einer gewählten *Phasenablauforganisation* durchlaufen werden (die im SEM-Vorgehensmodell möglichen Formen sind in Kapitel 6.3 beschrieben).

Mögliche Überlappungen von Durchführungsphasen

Innerhalb der *Durchführungsphasen* ist die Überlappung einzelner Phasen gestattet, wenn abgeschlossene Ergebnisse einer Phase vorliegen und genau diese Ergebnisse die Voraussetzungen für durchzuführende Tätigkeiten der Folgephase darstellen (die Entscheidung darüber kann nur für konkrete Projekte vom Projektleiter in Absprache mit dem QSV getroffen werden). Zudem müssen Überlappungen in der jeweiligen *SEM-Ausprägung* gestattet sein.

Überlappungen von Phasen können einerseits den Ablauf von Projekten beschleunigen, erhöhen jedoch andererseits das Projektrisiko und sollten daher hinsichtlich ihrer möglichen Auswirkungen gut durchdacht sein.

Meilensteine für Projektverfolgung

Die im *SEM-VM* mit den Phasen verbundenen *Meilensteine müssen* in jedem *Projektplan* definiert sein. Sie bilden das minimale Gerüst für eine effektive Projektverfolgung. In den einzelnen *SEM-Ausprägungen können* nach Bedarf weitere, der speziellen Projektverfolgung dienende Meilensteine definiert werden bzw. einzelne Meilensteine durch mehrere detailliertere ersetzt werden. Zuletzt können in jedem individuellen Projekt weitere Meilensteine verlangt werden, die dann im *Projektplan* aufgeführt und definiert sein *müssen*.

Die Phasen eines Projekts *sollen* durch ein „kickoff-Meeting" ein-geleitet und *können* durch eine „Phasenabschluß-Sitzung" been-det werden. Das Ziel derartiger Veranstaltungen ist es, die Erfah-rungen aus einer Phase nicht verlorengehen zu lassen, die Aus-wirkungen auf die Folgephasen zu diskutieren und so einen An-satzpunkt für Vorbeugungsmaßnahmen im Rahmen der weiteren Arbeit zu finden.

6.2.1   Phase Initiierung

Die Phase *Initiierung* ist die „Entscheidungsphase" über die Durchführung eines Projektvorhabens. Sie wird ausgelöst durch einen Anstoß, der im allgemeinen begleitet ist von *primären Anforderungen* an das in Aussicht stehende Entwicklungsvor-haben oder dessen Ergebnis.

Entscheidung über
Projektdurchführung

Die Entscheidung über die Durchführung trifft im allgemeinen die Leitung einer für das in Aussicht stehende Vorhaben zustän-digen Organisationseinheit (bei PSE in der Siemens AG Öster-reich in der Regel ein Geschäftsfeld). Kommt der Anstoß direkt von einem Auftraggeber, so *kann* dieser in den Entscheidungs-prozeß mit eingebunden werden.

Wesentliche Ergebnisse dieser Phase sind der *Lösungsvorschlag*, der *Grob-Projektplan* und *Grob-QS-Plan* sowie der *Projektent-scheid* (schriftliche Entscheidung über Projektdurchführung; kann positiv oder negativ ausfallen). Wenn bereits zu einem frü-hen Zeitpunkt absehbar ist, daß der Projektentscheid mit Sicher-heit negativ ausgehen wird (z.B. technische „k.o.-Kriterien" beim Erstellen des Lösungsvorschlags), dann müssen nicht alle Pflicht-ergebnisse dieser Phase erarbeitet werden; dies *muß* dann aller-dings aus dem Projektentscheid hervorgehen.

Die mit dieser Phase im Vorgehensmodell verbundenen Meilen-steine lauten:

P0:   „Projektanstoß" und

P1:   „Projektvorhaben entschieden".

Wenn umfangreiche Analysen der primären Anforderungen er-forderlich sind oder zunächst gemäß einer Ausschreibung eine Angebotsausarbeitung erforderlich ist, so *müssen* diese Tätig-keiten nach SEM-VM bereits im Rahmen der Phase Definition durchgeführt werden. Es ist daher in solchen Fällen die Phase Initiierung positiv abzuschließen und in ein Entwicklungsprojekt zu überführen!

**Gleichzeitig bestelle ich zur Lieferung
über meine Buchhandlung:**

Expl.	Autor und Titel	Preis

Weitere Informationen finden Sie im Internet:
**http://www.fachinformation.bertelsmann.de/verlag/bfw/
homepage.htm**

Verlag Vieweg –
Einer der ältesten Verlage der Welt.
Gegründet 1786.

Partner von über 30 Nobelpreisträgern.

Albert Einstein
14.3.1879 – 18.4.1955
Nobelpreis für Physik 1921

Antwort

Friedr. Vieweg & Sohn
Verlagsgesellschaft mbH
Buchleser-Service/Ho
Abraham-Lincoln-Str. 46

65189 Wiesbaden

Ich interessiere mich für die Themen:

- ❏ Mathematik (H5)
- ❏ Informatik ❏ Wirtschaftsinformatik (H55)
- ❏ Computerliteratur/Software (H55)
- ❏ Physik (H7)
- ❏ Chemie (H2)
- ❏ Architektur (H9)
- ❏ Bauingenieurwesen (H9)
- ❏ Techn. Mechanik (Bauwesen) (H6,H9)
- ❏ Bauphysik (H9)
- ❏ Werkstoffwissenschaften (H6)
- ❏ Techn. Mechanik (Ingenieurwesen) (H6)
- ❏ Technische Thermodynamik (H6)
- ❏ Maschinenbau (H6)
- ❏ Elektrotechnik (H6)
- ❏ Kfz-Technik (H6)
- ❏ Umwelt-Techniken (H2)

Ich interessiere mich für folgende Produkte:

- ❏ Bücher
- ❏ Zeitschriften
- ❏ Computerunterstützte Lernprogramme/PC-Trainer
- ❏ CD-ROM/Anwender-Software

- ❏ Bitte informieren Sie mich über die angekreuzten Themen und Produkte.

Ich wurde auf dieses Buch aufmerksam durch:

- ❏ Empfehlung des Buchhändlers
- ❏ Empfehlung Kollegen, Bekannte
- ❏ Buchbesprechung/Rezension
- ❏ Anzeige/Beilage
- ❏ Werbebrief

vieweg

Ich bin:
- ❏ Dozent/in
- ❏ Lehrer/in
- ❏ Bibliothekar/in
- ❏ Sonst. _____________
- ❏ Student/in
- ❏ Praktiker/in
- ❏ Schüler/in

an der:
- ❏ Uni/TH
- ❏ FH/HTL
- ❏ Fachsch. Technik
- ❏ Berufsschule
- ❏ Gymnasium
- ❏ Bibliothek
- ❏ Sonst. _____________

Mein Spezialgebiet: ____

Bitte in Druckschrift ausfüllen. Danke!

Hochschule/Schule/Firma | Institut/Lehrstuhl/Abteilung

Vorname | Name/Titel

Straße/Nr. | PLZ/Ort

Telefon | Fax

Branche | Geburtsjahr

Funktion im Unternehmen | Anzahl der Mitarbeiter im Unternehmen

Wir speichern Ihre Adresse, Ihr Interessensgebiet unter Beachtung des Datenschutzgesetzes.

MBVM

6.2.2 Phase Definition

Diese Phase dient der „Festlegung des Projektziels": Es geht um die möglichst genaue Definition der Anforderungen und des Projektablaufs. Zunächst werden die vorliegenden *primären Anforderungen* erfaßt, zusammen mit den wesentlichen Elementen der *Domäne* beschrieben, analysiert und eindeutig definiert (hier geht es um das Anwendungsgebiet einer Lösung, dessen Beschreibung bei den *primären Anforderungen* häufig nicht in expliziter Form vorliegt).

Anforderungsspezifikation

Dann *müssen* die Anforderungen im Zuge einer Analyse auf Erfüllbarkeit, Vollständigkeit und Widerspruchsfreiheit überprüft und eine entsprechende *Anforderungsspezifikation* erstellt werden. Anforderungserfassung und Modellierung des Problemraums (Beschreibung der *Domäne*) *sollen* immer Hand in Hand erfolgen, die Anforderungsanalyse *kann* in einer eigenen Teilphase durchgeführt werden.

Zur Unterstützung der Definition und Analyse der Anforderungen können partiell oder umfassend *Prototypen* erstellt und eingesetzt werden. Prototypen, die zum Nachweis der Machbarkeit dienen, werden „experimentell" genannt, solche, die zur anschaulichen Darstellung von Lösungswegen dienen, werden „explorative" Prototypen genannt. Explorative Prototypen innerhalb dieser Phase werden bevorzugt zur Visualisierung von Benutzeroberflächenanforderungen eingesetzt.

Die *Anforderungsspezifikation* ist Basis der Projektbeauftragung; gegen sie erfolgt auch die *Abnahme* des *Produkts*. Daher *müssen* in ihr alle Arten von relevanten Anforderungen definiert sein:

- produktbezogene Anforderungen (Funktion, Verhalten, externe Schnittstellen, Qualität etc.);

- projektbezogene Anforderungen (Projektdurchführung, Termine, Realisierungsbedingungen, Produktabnahme, Gewährleistung etc.)

Qualitätsmerkmale

Diese Forderung bedeutet insbesondere, daß in dieser Phase die Planung der Produktqualität, d.h. der gewünschten *Qualitätsmerkmale* des Produkts, unter Angabe überprüfbarer Kriterien erfolgen muß. Die hier festgelegten Merkmale sollen dann nicht nur bei der Abnahme des *Produkts* als Kriterium herangezogen werden, sondern bereits bei den laufenden *Reviews* der Entwicklungsdokumente als Vorgabe mitbetrachtet werden.

☞ Die Broschüre „Qualitätsbewertung von Software" [Siemens 88] beschreibt ein Bewertungsschema zur Quantifizierung der Softwarequalität und kann in diesem Zusammenhang unterstützend eingesetzt werden.

Pläne

Auf Basis der *Anforderungsspezifikation* entstehen dann ein *Projektplan*, der den gesamten Projektverlauf umfassen *muß*, sowie ein *WV-Plan* (Wiederverwendung und Wiederverwendbarkeit), ein *CM-Plan* (Festlegungen bezüglich Verfahren und Verwaltung von Einheiten; im CM-System realisiert) und ein *QS-Plan* (Regelungen bezüglich der projektbezogenen Qualitätssicherung).

☞ Beschreibungen der Pläne finden sich in den Kapiteln 6.4 bis 6.7, Vorgaben für die inhaltliche Gestaltung in Kapitel 8 (die *Gliederung* von Plänen und sonstigen Dokumenten wird nicht im SEM-VM vorgegeben, sondern in den SEM-Ausprägungen).

Reviews

Wesentliche QS-Maßnahmen dieser Phase sind die verpflichtenden *Reviews* der *Anforderungsspezifikation*, des *Projektplans* und des *Qualitätssicherungsplans*.

Die mit dieser Phase im Vorgehensmodell verbundenen Meilensteine lauten:

T2: „Anforderungen definiert, überprüft und mit dem Auftraggeber abgestimmt",

P2: „Projektplan erstellt und überprüft" und

Q2: „QS-Plan erstellt und überprüft".

6.2.3 Phase Entwurf

Die Phase *Entwurf* dient der „Festlegung der Lösung". Im Falle einer Lösung durch Einsatz verfügbarer oder käuflicher Komponenten bzw. deren Zusammenstellung erfolgt in dieser Phase die Auswahl sowie eine erste *Validierung* dieser Komponenten. Im Falle einer Lösung durch Entwicklung vorgesehener Komponenten wird je nach gewähltem Entwicklungsansatz (Paradigma) ausgehend von einem abstrakten Entwurf oder einem Architekturentwurf ein im Detail ausgearbeiteter konkreter bzw. detaillierter Entwurf erarbeitet. Entsprechend *kann* die Phase nach Bedarf auch in Teilphasen zerlegt werden.

Spezifikation der Ergebnisse

Das Ergebnis *muß* in einer *Lösungsspezifikation* festgehalten werden; gegebenenfalls *müssen* vorhandene Komponenten validiert werden. Das Ergebnis von Entwurfstätigkeiten *muß* in mindestens einer *Entwurfsspezifikation* niedergeschrieben werden (als Teil der Lösungsspezifikation). Weiters *muß* in dieser Phase in jedem Fall ein *Testplan* erstellt und das *CM-System* vollständig eingerichtet werden.

Der Testplan setzt in wesentlichen Teilen auf der *Anforderungs-spezifikation* auf, kann also weitgehend parallel zur Lösungsspe-zifikation entwickelt werden.

Reviews

Wesentliche QS-Maßnahmen dieser Phase sind die verpflichten-den *Reviews* der *Lösungsspezifikation* und des *Testplans.*

Die mit dieser Phase im Vorgehensmodell verbundenen Meilen-steine lauten:

T3: „Lösung spezifiziert und überprüft" und

Q3: „Testplan erstellt und überprüft".

6.2.4 Phase Realisierung

Diese Phase ist die „Phase der Produktherstellung" im engeren Sinne. Im Falle des Einsatzes fertiger Komponenten werden die-se gekauft oder herangezogen und gegebenenfalls adaptiert, pa-rametriert sowie zusammengestellt. Im Falle einer Entwicklung des *Produkts* werden die spezifizierten Komponenten erstellt, überprüft und nötigenfalls integriert. In beiden Fällen erfolgt nach einem abschließenden *Systemtest* die Abnahme durch den *Auftraggeber.*

Die Tätigkeiten der Erstellung der *Lieferkomponenten* richten sich ganz nach deren Art (Hardware, Orgware, Software etc.). Am Ende dieser Phase *muß* jedoch das im *Projektplan* und in der *Anforderungsspezifikation* festgelegte *Produkt* vorliegen. Diese Phase kann bei Bedarf in mehrere Teilphasen zerlegt wer-den. Typische Teilphasen bei Entwicklung des Produkts sind: Implementierung, Integration, Systemtest und Abnahme.

Reviews und Tests

Wesentliche QS-Maßnahmen dieser Phase sind *Reviews* der Komponenten sowie Tests in verschiedenen Integrationsstufen.

Die mit dieser Phase im Vorgehensmodell verbundenen Meilen-steine lauten:

T4: „Produkt erstellt und überprüft" und

P4: „Produkt abgenommen".

6.2.5 Phase Einsatz

Diese Phase ist die Phase der „Produktnutzung" (aus der Sicht der Entwicklung bedeutet dies einsatzbegleitende Unterstützung in vertraglich vereinbartem Umfang). In ihr kommen Maßnahmen zur Produkteinführung sowie allfällig übernommene *Gewährleistung* zur Wirkung. Bei Bedarf kann diese Phase unterteilt werden (etwa in eine Pilotbetriebsphase und eine Wirkbetriebsphase). Typisch für diese Phase ist, daß kein signifikantes technisches Ergebnis anfällt, weil hier vielmehr der Einsatz des zuvor erstellten oder ausgewählten/gekauften *Produkts* unterstützt wird.

Statistische Betrachtungen

Wesentliche QS-Maßnahmen dieser Phase sind statistische Betrachtungen (etwa des Fehleraufkommens und damit verbundener Korrekturaufwände).

Der mit dieser Phase im Vorgehensmodell verbundene Meilenstein lautet:

P5: „Start Produkteinsatz".

6.2.6 Phase Abschluß

Diese Phase schließt durchgeführte Projekte, in der Durchführung abgebrochene Projekte oder Vorhaben mit negativem Projektentscheid ab. Ein Projekt gilt im Sinne des SEM-Vorgehensmodells als abgeschlossen, wenn die Beauftragung beendet wird.

Das Beenden eines Projekts bedeutet nicht notwendigerweise, daß ein im Rahmen des Projekts erstelltes Produkt nicht mehr im Einsatz ist; seitens des Projektteams bestehen lediglich keine Verpflichtungen mehr gegenüber dem Auftraggeber. Ebenso kann eine Beauftragung beendet werden, bevor noch ein Produkt entstanden ist; auch in diesem Fall endet im Sinne des Vorgehensmodells das Projekt.

Archivierung

Bei Beendigung eines Projekts *müssen* alle projektrelevanten *Dokumente* und *Q-Aufzeichnungen* in einem *Projektordner* abgelegt und archiviert werden. Ferner *muß* ein Projektabschlußbericht entstehen.

Der mit dieser Phase im Vorgehensmodell verbundene Meilenstein lautet:

P6: „Projekt abgeschlossen".

6.3 Phasenablauforganisation

Die *Durchführungsphasen* müssen während der Projektabwicklung nach einer gewählten Form der *Phasenablauforganisation* durchlaufen werden. Die Phasenablauforganisation *soll* projektspezifisch gewählt werden (d.h. optimal an die Projektaufgabe angepaßt sein); sie *muß* im *QS-Plan* des Projekts festgelegt sein.

Fünf verschiedene Formen

In diesem Kapitel werden fünf Formen der Phasenablauforganisation definiert, mit denen die im Geltungsbereich des SEM-Vorgehensmodells auftretenden Projektarten abgedeckt werden können:

- Wasserfallmodell,
- Spiralmodell,
- Prototyping,
- Evolutionsmodell,
- Ausbaustufenmodell.

Die beiden letztgenannten Modelle sind etwas abgesetzt zu sehen, da in sie eingebettet (zumindest theoretisch) die drei erstgenannten Modelle vorkommen könnten. Die sich daraus ergebenden Konsequenzen werden in den Kapiteln 6.3.4 und 6.3.5 angesprochen.

Einbettung in die Rahmenphasen

Alle beschriebenen Modelle der Phasenablauforganisation muß man sich in die *Rahmenphasen Initiierung* und *Abschluß* eingeschlossen denken. Dabei gelten folgende Prinzipien:

1. Jedes Projekt *muß* unabhängig von der gewählten Phasenablauforganisationsform mindestens durch eine Initiierungsphase initiiert werden, eine Initiierung kann jedoch durchaus zu mehreren Projekten führen.

2. Jedes Projekt *muß* unabhängig von der gewählten Phasenablauforganisationsform mindestens durch eine Abschlußphase abgeschlossen werden.

3. Bei den „einfachen" Phasenablauforganisationsformen (Wasserfallmodell, Spiralmodell, Prototyping) sind in einem Projekt immer nur eine Initiierungs- und eine Abschlußphase vorgesehen.

4. Bei den „zusammengesetzten" Phasenablauforganisationsformen (Evolution, Ausbaustufen) kann es sinnvoll sein, zu einzelnen Folgeversionen (Evolution) oder Ausbaustufen weitere Initiierungen bzw. Abschlüsse vorzusehen. Eine solche Entscheidung *soll* projektspezifisch getroffen werden, *kann* aber

auch vom *Geschäftsprozeß* vorgegeben werden. Dabei *soll* auch definiert werden, welche Pflichtergebnisse in solchen Fällen gefordert werden.

6.3.1   Das Wasserfallmodell

Das „Wasserfall"-Modell ist vereinfacht in Bild 20 dargestellt. Jede Phase enthält gemäß den Festlegungen des Vorgehensmodells „konstruktive" und „überprüfende" Tätigkeiten (vgl. Kapitel 6.2).

Bild 20:
Phasenabfolge des Wasserfallmodells

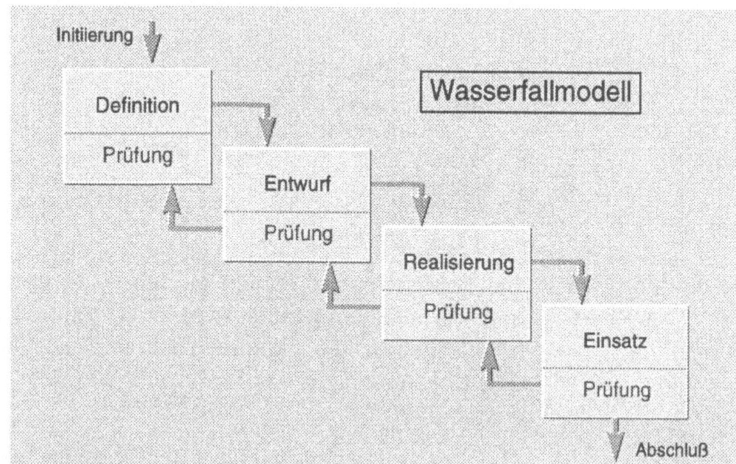

Die Phasen werden in diesem Modell im Prinzip sequentiell durchlaufen, wobei die Ergebnisse einer Phase als Input für die darauffolgende Phase dienen (daher rührt auch die Bezeichnung „Wasserfall": Jede Phase ist quasi eine Kaskade). Die im Bild dargestellten zurückweisenden Pfeile sollen andeuten, daß z.B. bei Fehlern in den Vorgaben Wiederholungen einiger Teile der vorangegangenen Phasen zugelassen sind (Überlappungen von Phasen sind in bestimmten, genau definierten Fällen gestattet, siehe dazu ausführlich Kapitel 6.2).

Eignung für Projekte

Das Wasserfall-Modell ist bei einer Vielzahl von Projekttypen mit kurzer bis mittlerer Laufzeit gut geeignet, bei denen die einmalige Festlegung der gesamten Aufgabenstellung zu Beginn des Projekt-Lebenszyklus sinnvoll und möglich ist. Projekte, die nach diesem Ablaufmodell durchgeführt werden, sind sowohl gut planbar als auch im Sinne der Fortschrittskontrolle gut verfolgbar. Dieses Ablaufmodell ist daher im Sinne eines relativ geringen Projektrisikos und relativ hoher Sicherheit besonders bei Festpreis-Aufträgen zu empfehlen.

6.3.2 Das Spiralmodell

Dieses Ablaufmodell ist in Bild 21 vereinfacht dargestellt. Es ist allerdings gegenüber dem in [Boehm 88] vorgestellten Modell für *SEM-VM* etwas modifiziert (in der Freiheit eingeschränkt; zudem ist in der Phase *Einsatz* kein eigener Spiraldurchlauf dargestellt, der allerdings in Ausnahmefällen – etwa bei umfangreichen Einsatzvorbereitungen – durchaus erfolgen kann).

Bild 21:
Phasenabfolge des
Spiralmodells

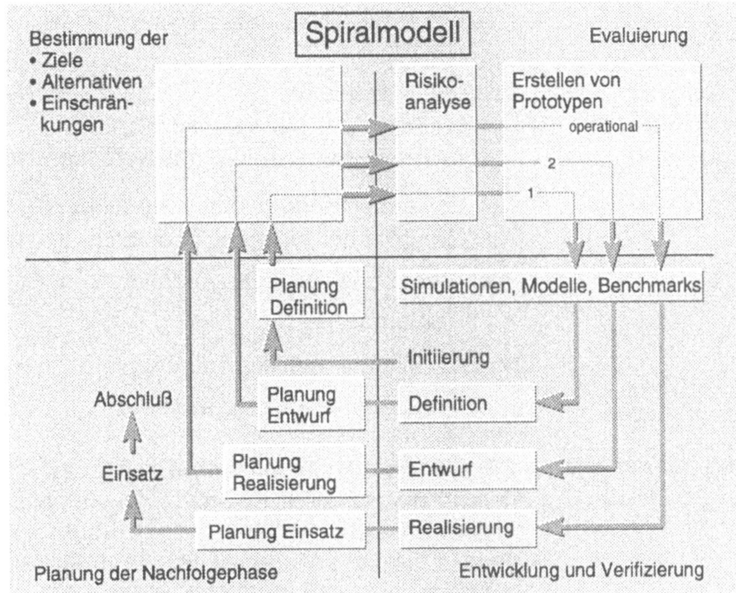

Ziele, Alternativen,
Einschränkungen

1. In Ergänzung zum Wasserfallmodell *müssen* zur Vorbereitung jeder Phase zunächst die gesteckten Ziele, Alternativen und Einschränkungen festgelegt werden.

   Ein Beispiel für mögliche Auswirkungen: Die phasenweise Betrachtung der Alternativen für die Zielerreichung kann ergeben, daß eine Entwicklungsentscheidung in eine Kaufentscheidung zugunsten nunmehr verfügbarer Komponenten umgewandelt werden kann.

Evaluierung

2. Anschließend *muß* eine *Risikoanalyse* zur jeweiligen Phase durchgeführt werden, in der auch entschieden werden kann, daß zur Evaluierung ein *Prototyp* erstellt bzw. weiterentwickelt werden soll, der dann anschließend mittels *Simulation* oder *Benchmarking* geprüft werden kann.

   Ein Beispiel für mögliche Auswirkungen: Die phasenweise Risikoanalyse kann durchaus auch ergeben, daß das gesamte

Projekt abzubrechen ist. In der Regel wird man aber bei der Risikoanalyse entscheiden, ob zur genaueren Bestimmung des weiteren Vorgehens in der jeweiligen Phase die Erstellung eines *Prototypen* sowie anschließend entsprechende Simulationen oder ausführliches Benchmarking erforderlich sind.

Entwicklung und Verifizierung

3. Sind alle diese Vorarbeiten für die jeweilige Phase durchgeführt, so *müssen* alle konstruktiven und überprüfenden Tätigkeiten der Phase durchgeführt werden (analog zum Wasserfallmodell).

Planung der Nachfolgephasen

4. Jede Folgephase wird auf Basis der Ergebnisse der Vorgängerphasen einzeln vorausgeplant und erneut nach den oben beschriebenen Schritten durchgeführt.

Bei der Durchführung der vorgesehenen Schritte entsteht eine Art „Spirale" über die vier Quadranten des Ablaufmodells:

- Bestimmung der Ziele, Alternativen, Einschränkungen,
- Evaluierung,
- Entwicklung und Verifizierung,
- Planung der Nachfolgephase.

Eignung für Projekte

Der Vorteil des Spiralmodells gegenüber dem Wasserfallmodell liegt in der stärkeren Betonung der Aufteilung des Lebenszyklus in bewertbare und bewertete Schritte, was insbesondere bei Großprojekten mit langen Entwicklungszeiten das Risiko von Fehlentwicklungen und damit Fehlinvestitionen deutlich senken kann. Für kleinere Projekte mit kürzeren Entwicklungszeiten eignet sich dieses Phasenablaufmodell nicht, da der je Phase erforderliche Aufwand hinsichtlich der Zielbestimmung, Evaluierung, Entwicklung und Nachfolgeplanung sehr hoch ist.

6.3.3 Prototyping

Prototyping wird im SEM-Vorgehensmodell in zweifacher Form zugelassen:

a) als Technik, die in einzelnen Phasen einer Ablauforganisationsform eingesetzt wird, um Projektrisiken durch praktische Erfahrungen zu minimieren (z.B. experimentelle oder explorative Prototypen, siehe die Hinweise in Kapitel 6.2 und 7),

Phasenablauforganisation

b) als eigene Form der *Phasenablauforganisation*, die in den Phasen *Entwurf* und *Realisierung* zum Einsatz kommen kann (hier beschrieben).

Das Ziel jedes Prototypings *muß* immer klar dargelegt werden, bevor mit prototypischen Implementierungen begonnen wird. Bild 22 zeigt vereinfacht dargestellt die Prototyping-Ablauforganisation:

Bild 22:
Phasenabfolge bei
Prototyping

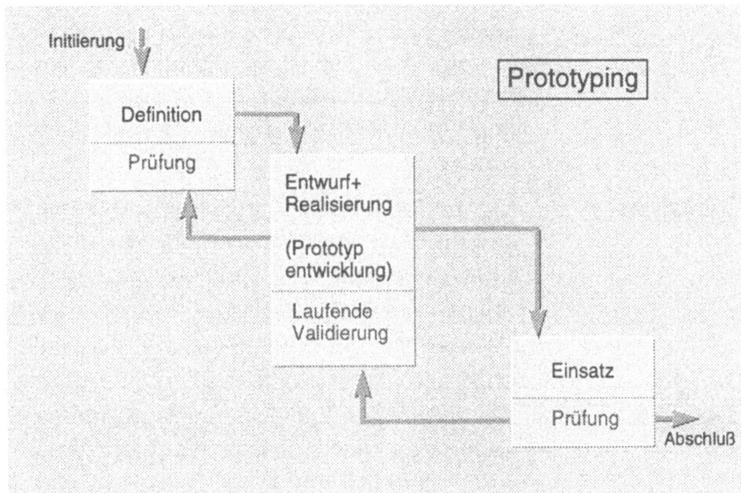

Phase Definition

Die Festlegung der Ziele, der Funktionalität und der Randbedingungen der Prototypen-Entwicklung erfolgt so wie in den anderen Ablauforganisationsformen in der Phase *Definition*, wo auch eine *Anforderungsspezifikation* sowie der *Projektplan, CM-Plan, WV-Plan* und *QS-Plan* entstehen *müssen*.

Die Anforderungsspezifikation wird sich erfahrungsgemäß bei Prototyping in manchen Punkten von einer Anforderungsspezifikation etwa beim Wasserfallmodell unterscheiden: So ist z.B. die detaillierte Darstellung der Benutzerschnittstellen nicht unbedingt nötig, da dies toolgestützt und komfortabel während der Realisierung erfolgen kann (die Benutzerschnittstelle muß dann allerdings während der Realisierung vom Auftraggeber validiert werden).

Entwurf und
Realisierung

Die Phasen *Entwurf* und *Realisierung* werden weitgehend unter Benutzung entsprechender Prototyp-Entwicklungsumgebungen und in der Regel ohne explizite Phasentrennung in vielen Schleifen durchlaufen (man „baut" mit Hilfe der Entwicklungsumgebung quasi ein „Gerüst" und modelliert Eigenschaften, die man gleich sehen und überprüfen kann).

Prototyp repräsentiert
das Design

Dabei entstehen im allgemeinen keine Entwicklungsdokumente, nur der Prototyp im jeweiligen Zustand repräsentiert das Design im Sinne der Norm EN ISO 9001. Design-Entscheidungen und deren Begründung *sollen* jedoch laufend protokolliert werden und in die Lösungsspezifikation einfließen.

Prüfungen und CM

Während der prototypischen Entwicklung *soll* man zu geeigneten Zeitpunkten *Prüfungen* durchführen (etwa in Form von Reviews anhand der *Anforderungsspezifikation*, um Abweichungen zu protokollieren und anschließend zu beheben). Solcherart festgehaltene Zustände des Prototypen *sollen* durch Abspeicherung im *CM-System* fixiert und hiermit wieder reproduzierbar werden.

Dokumentation

Um die Reproduzierbarkeit und Wartbarkeit des *Produkts* zu gewährleisten, *müssen* mit Ende der Phase *Realisierung* eine *Lösungsspezifikation* und ein *Testplan* vorliegen (sinnvollerweise soll die Lösungsspezifikation dabei toolgestützt erstellt werden können). Die Meilensteine T3 und Q3 fallen dadurch nicht weg, sondern werden lediglich um eine Phase verschoben.

Systemtest

Die Prototypen-Entwicklung *muß* mit einem *Systemtest* gemäß *Testplan* beendet werden, wodurch der Meilenstein T4 erreicht wird. *Abnahme* und Phase *Einsatz* müssen hinsichtlich des Phasenablaufmodells nicht mehr spezifisch gestaltet sein.

Eignung für Projekte

Projekte, die nach dem Ablaufmodell „Prototyping" durchgeführt werden, sind schlecht planbar. Größere Projekte mit bei Beginn noch unklaren oder im Projektverlauf häufig wechselnden Anforderungen *sollen* daher möglichst nach dem *Spiralmodell* abgewickelt werden, um das Planungsrisiko zu minimieren.

6.3.4   Das Evolutionsmodell

Das in Bild 23 vereinfacht dargestellte „evolutionäre" Modell ist gekennzeichnet durch die geplante Entwicklung von aufeinander aufsetzenden Versionen eines Produkts. Es ist gleichsam ein aus einfachen Ablaufmodellen „zusammengesetztes" Ablaufmodell.

Neue Leistungs-merkmale

Zur Entwicklung jeder Produktversion werden die Projektphasen *Definition, Entwurf, Realisierung* und *Einsatz* gemäß der gewählten Ablauforganisationsform durchlaufen (es eignen sich vor allem das Wasserfallmodell und das Prototypingmodell). Alle in Folgeversionen entstehenden Spezifikationen, Pläne und Realisierungen beziehen sich jedoch nur auf jene Leistungsmerkmale, die die neue Version von der alten unterscheiden. Somit muß bei der Entwicklung jeder Folgeversion jeweils Bezug auf die vorhergehende Version genommen werden. Es *muß* dabei jedoch eine konsistente, alle Leistungsmerkmale umfassende Dokumentation des Produkts entstehen.

Bild 23:
Phasenabfolge des
Evolutionsmodells

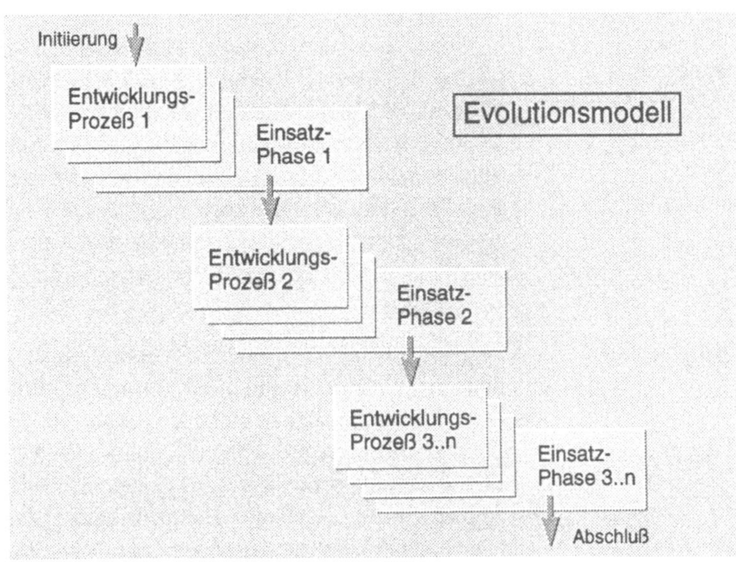

Eignung für Projekte

Dieses Ablaufmodell wird bevorzugt eingesetzt, wenn Erfahrungen aus dem *Einsatz* einer Version die Anforderungen an neue Leistungsmerkmale prägen. Im evolutionären Ansatz sollen daher die Wünsche der Anwender bezüglich neuer oder geänderter Funktionalität sowie deren Priorität beachtet werden.

Anwendung für
Wartungsprojekte

Auch sogenannte Wartungsprojekte (Durchführung von Fehlerbehebungen, Funktionserweiterungen und technischen Anpassungen an einem vorliegenden und im Einsatz befindlichen Produkt) *sollen* nach dem Evolutionsmodell durchgeführt werden. Dabei werden bei jeder einzelnen Fehlerbehebung im Prinzip alle Phasen im Sinne der gewählten Ablauforganisationsform durchlaufen, es sind jedoch nur dort Aktionen erforderlich, wo sich im Zuge der Fehlerbehebung Änderungen ergeben. Auch Pläne müssen nur insoweit ergänzt oder neu geschrieben werden, als dies aufgrund der Wartungstätigkeit erforderlich ist (z.B. Projektpläne, QS-Pläne, Testpläne). Nach Freigabe einer neuen Version ist diese in der Regel die Basis für die zukünftigen Erweiterungen/Fehlerbehebungen.

Ausnahme von dieser Regel sind jene Fälle, wo im Rahmen eines Wartungsprojekts unterschiedlich eingesetzte Versionen gleichzeitig einer Wartungstätigkeit unterliegen. Bei diesen muß jeweils unterschieden werden, welche Versionen des Produkts

Basis für die Korrekturen bzw. Funktionserweiterungen darstellen. Fälle dieser Art können in der Praxis nur durch adäquate Unterstützung eines geeigneten CM-Systems beherrscht werden.

Beibehaltung des Ablaufmodells

Projekte, die nach diesem Ablaufmodell durchgeführt werden, sind gut planbar, allerdings *soll* die Planung auf der Einzelplanung der Leistungsmerkmale aufsetzen und das bei der Erstellung der ersten Version gewählte Ablaufmodell in den Evolutions-Versionen beibehalten werden (wurde die Erstversion nach dem Wasserfallmodell entwickelt, sollten auch die weiteren Versionen so entwickelt werden). Dadurch ist der Bezug auf die Ergebnisse und Dokumente von einer Version zur anderen leichter beherrschbar.

Rahmenphasen

Bei der Entwicklung neuer Versionen ist das Durchlaufen der Phasen *Initiierung* und *Abschluß* nicht verpflichtend (es handelt sich ja üblicherweise nicht um neue Projekte), auch wenn die Themen Initiierung und Abschluß je nach Projektgröße und Zeitrahmen für die Erstellung einer Version eine gewisse Bedeutung haben: Bei der Planung neuer Versionen *sollen* selbstverständlich die Erfahrungen aus Vorgängerversionen berücksichtigt werden.

6.3.5   Das Ausbaustufenmodell

Der „Ausbaustufen"-Ansatz ist gekennzeichnet durch die Aufteilung der Gesamtlösung in eine Reihe von parallel laufenden Teilprojekten, die auf einer einheitlichen *Anforderungsspezifikation* und einem einheitlichen Systementwurf aufsetzen und jeweils zu einer einsatzfähigen Produkt-Ausbaustufe führen (vereinfachte Darstellung in Anlehnung an das Wasserfallmodell in Bild 24).

Definition und Entwurf

Die Entscheidung, nach diesem Modell vorzugehen, *muß* gemäß *SEM-VM* bereits in der Phase *Definition* eines Projekts getroffen werden; die Aufteilung in konkrete Teilprojekte mit dem Charakter einsetzbarer Ausbaustufen ist jedoch erst auf Basis von gemeinschaftlich getroffenen Entscheidungen im Systementwurf möglich, so daß zumindest ein Teil der Phase *Entwurf* noch ungeteilt durchgeführt werden *muß* (Änderungen am Systementwurf sind damit zu einem späteren Zeitpunkt nicht mehr möglich oder verursachen großen Aufwand, da die Auswirkungen auf andere Ausbaustufen berücksichtigt werden müssen).

Bei allen Überprüfungen innerhalb der Entwicklung der Ausbaustufen *müssen* in diesem Modell stets die gesamten Anforderungs- und Entwurfsspezifikationen berücksichtigt werden.

Bild 24:
Phasenabfolge des Ausbaustufenmodells

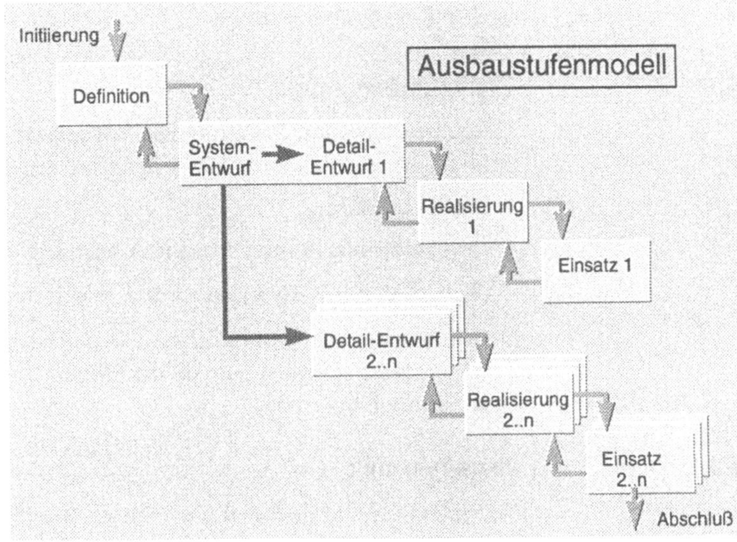

Eignung für Projekte

Dieses Ablaufmodell kann aus unterschiedlichen Gründen gewählt werden, z.B.:

- wenn die Projektgröße eine Aufteilung in Ausbaustufen sinnvoll erscheinen läßt;

- wenn Budgetrestriktionen eine Verteilung auf mehrere Jahre erfordern;

- wenn unterschiedliche Anwendergruppen unterschiedliche Einsatztermine erfordern;

- wenn es erforderlich ist, mit einer ersten (Minimal-) Ausbaustufe schnell auf den Markt zu kommen.

Die Entwicklung der einzelnen Ausbaustufen erfolgt wegen der ihnen eigenen geringeren Laufzeit in der Regel wieder nach dem Wasserfall-Modell (wie in Bild 24 dargestellt), könnte aber auch nach dem Spiralmodell durchgeführt werden. Die Anwendung des Prototypingmodells in den parallel entwickelten Ausbaustufen empfiehlt sich bei gleichbleibender Technologie eher nicht.

Rahmenphasen

Bei der Entwicklung neuer Ausbaustufen ist das Durchlaufen der Phasen *Initiierung* und *Abschluß* nicht verpflichtend (es handelt sich ja üblicherweise nicht um neue Projekte), auch wenn die

Themen Initiierung und Abschluß je nach Projektgröße und Zeitrahmen für die Erstellung einer Ausbaustufe klarerweise eine gewisse Bedeutung haben: Bei der Planung neuer Ausbaustufen sollen selbstverständlich die Erfahrungen aus früheren Ausbaustufen berücksichtigt werden.

6.4 Projektmanagement

Projektmanagement stellt im SEM-Vorgehensmodell einen Aufgabenbereich innerhalb der Projektabwicklung dar. Er umfaßt

- Projektplanung,

- Projektkontrolle und Projektsteuerung,

- Koordination, Organisation und Administration.

Damit werden die wesentlichsten Voraussetzungen für die qualitäts-, kosten- und termingerechte Projektabwicklung geschaffen bzw. ermöglicht.

6.4.1 Projektplanung

Im SEM-Vorgehensmodell sind drei Arten der Projektplanung definiert:

1. Die *Grob-Projektplanung*, die in der Phase *Initiierung* erfolgen muß,

2. Die *vorläufige Projektplanung*, die während der Definitionsphase erforderlich sein kann,

3. Die *reguläre Projektplanung*, die nach der Abstimmung der Anforderungsspezifikation erfolgen muß.

Für jedes Projekt, das nach *SEM* abgewickelt wird, *muß* ein *Grob-Projektplan* und ein regulärer *Projektplan* erstellt werden.

Grob-Projektplanung

Im Zuge der Phase *Initiierung* eines *Projekts* ist es nötig, einen groben Überblick über einen möglichen Projektverlauf und dessen Rahmenbedingungen zu erhalten. Die daraus resultierenden Ergebnisse *müssen* im *Grob-Projektplan* zusammengefaßt werden.

- Wie könnte eine Lösung aussehen (Überblick über die geplante Lösung, evtl. Aufzeigen von Alternativen)?

- Welche Phasen sind dazu zu durchlaufen (grober Phasenplan)?

- Wer könnte die Durchführung verantworten (Projektansprechpartner, Projektleiter oder grobe Projektstruktur)?

- In welcher Größenordnung liegen Aufwand und Kosten (grober Aufwands-/Kostenplan)? – Dies darf jedoch nicht als feste Zusage (Fixpreis) an einen potentiellen Auftraggeber mißverstanden werden!

- Wann könnte begonnen werden, und welcher Zeitraum ist grob für die Projektdauer zu veranschlagen (grober Zeitplan)?

- Welche Projektrisiken bestehen?

Vorläufige Projektplanung

Im Zuge einer ausgedehnten Definitionsphase *kann* es erforderlich sein, daß bereits vor Vorliegen einer abgestimmten bzw. durch den Auftraggeber bestätigten *Anforderungsspezifikation* eine *Projektplanung* erfolgen muß, die sich auf das gesamte *Projekt* erstrecken soll. Eine solche Projektplanung kann prinzipiell nach den Regeln der nachfolgend beschriebenen regulären Projektplanung erfolgen, weist aber im allgemeinen Alternativen für unterschiedliche Lösungsmöglichkeiten bzw. Projektabwicklungsmöglichkeiten aus. Damit sind in der Regel in einer vorläufigen Projektplanung nicht alle Phasen mit gleicher Genauigkeit planbar.

Reguläre Projektplanung

Ziel der regulären Projektplanung ist es, den gesamten Projektverlauf unter Einhaltung des in *SEM* geforderten Vorgehens (Phasen und Pflichtergebnisse technischer, qualitätssichernder und projektsteuernder Natur) festzulegen und diese Planung zu dokumentieren.

Basis für Planung

Die Basis für die Planung stellen die *Anforderungen* an das *Produkt (Lieferkomponenten)* sowie allfällig vorhandene Termin- und Budgetvorgaben dar. Bild 25 gibt eine Übersicht über den Prozeß der Projektplanung nach SEM.

Komponentenplanung

Die gesamten erforderlichen Komponenten folgen aus den Festlegungen der *Anforderungsspezifikation* (*Lieferkomponenten, technische Zwischenergebnisse*) sowie aus dem Vorgehen nach *SEM* (Pflichtdokumente und Pläne). Die Festlegung der Komponenten *muß* den ersten Schritt jeder regulären Projektplanung darstellen. Dabei ist immer von den *Lieferkomponenten* auszugehen, da alle *weiteren Komponenten* (*weitere Ergebnisse* sowie beschaffte und eingesetzte, aber nicht ausgelieferte Komponenten) in Art und Umfang von diesen abhängen.

Die vollständige Aufstellung aller Komponenten ist die übliche Basis für die Ermittlung der Verwaltungseinheiten im *Configuration Management*.

Bild 25:
Projektplanung

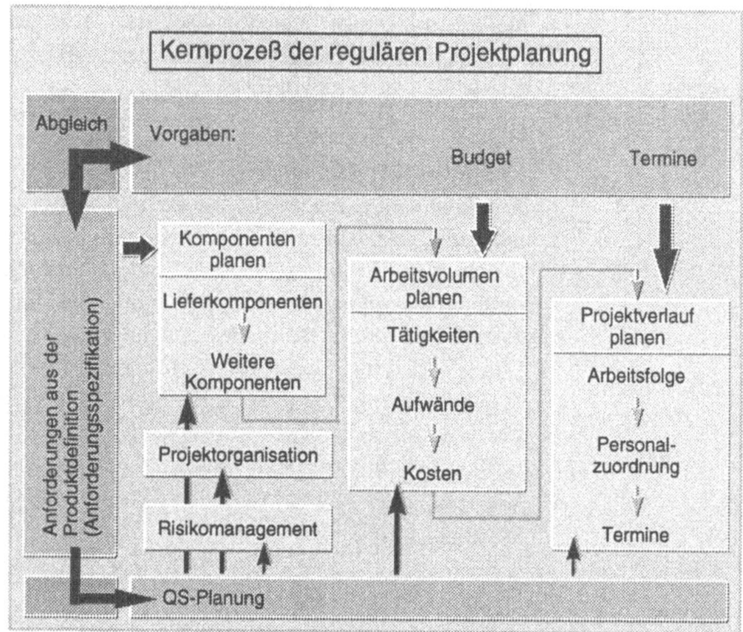

Planung des Arbeitsvolumens

Wenn alle Komponenten festgelegt sind, *müssen* das Arbeitsvolumen und der Mittelbedarf festgelegt werden. Dazu *müssen* wiederum die zu den Komponenten führenden Tätigkeiten und die zu ihrer Erbringung erforderlichen *Aufwände* (für Personaleinsatz, Betriebsmitteleinsatz und sonstiges wie Reisen, Schulung, Material) wie auch resultierende *Kosten* ermittelt werden.

Größte Bedeutung in der regulären Projektplanung kommt der korrekten Ermittlung des Arbeitsvolumens, also der lückenlosen Aufstellung aller durchzuführenden *Arbeitspakete* zu. Sie *muß* vollständig sein und in einer Detaillierung vorliegen, die eine möglichst treffsichere Ermittlung der zugehörigen Aufwände ermöglicht („überschaubare Einheiten"). Aus diesem Grund wird im SEM-Vorgehensmodell immer von den geforderten Lieferkomponenten ausgegangen, die entsprechend fein untergliedert werden. Dann wird zusätzlich erfaßt, was am Weg zu diesen Ergebnissen noch an ergänzenden Ergebnissen erstellt werden oder vorhanden sein muß (weitere Ergebnisse, weitere Komponenten). So erhält man größere Sicherheit, keine durchzuführenden Arbeiten zu vergessen: Zu jeder Ergebniskomponente werden die entsprechenden Arbeitspakete ermittelt.

Die Function-Point-Methode bietet ein gutes Instrument zur Messung des Funktionsumfangs auf Basis der Benutzeranforderungen. Mit Hilfe von Erfahrungs-Tabellen erfolgt dann die Umrechnung der Function Points in geschätzten Aufwand.

Planung des Projektverlaufs

Ist das Arbeitsvolumen festgelegt, so *muß* der Projektverlauf geplant werden, also die Arbeitsabfolge und die Termine. Dazu *muß* eine genaue Planung der Personalzuordnung erfolgen.

Die Planungsblöcke Arbeitsvolumensplanung und Projektverlaufsplanung *können* günstigerweise mit Einsatz der Netzplantechnik durchgeführt werden.

Absicherung

Zur Absicherung des Projektverlaufs *müssen* im Verlauf der regulären Projektplanung noch zwei weitere Festlegungen getroffen werden:

- die *Projektorganisation,*
- das *Risikomanagement.*

Projektorganisation

Für wichtige Bereiche der Projektdurchführung müssen eindeutig Verantwortliche festgelegt werden *(Projektorganisation)*. Oberste Verantwortung für das Projekt trägt der *Projektleiter*, der meist bereits im Zuge der Grob-Projektplanung festgelegt wurde. Ihm zur Seite steht der *Qualitätssicherungsverantwortliche (QSV)* für das Projekt, der die Verantwortung für alle Qualitätssicherungsbelange übernimmt (insbesondere Erstellung des QS-Plans und Überprüfung der Einhaltung der Entwicklungsmethode). Die Rollen von Projektleiter (bzw. Projektentwicklungsverantwortlichem) und QSV *müssen* personell getrennt sein. Weitere Verantwortlichkeiten sind je nach Projektgegebenheiten und Projektumfang zu definieren (z.B. Leiter der Entwicklung, Leiter des CM etc.).

Risikomanagement

Die Planung von Maßnahmen zur Beherrschung von Risiken und Krisen *(Risikomanagement)*, die meist erst als letzter Planungsschritt vorgenommen werden kann, schließt die reguläre Projektplanung ab. Diese Maßnahmen *müssen* zumindest in einem speziellen Abschnitt im *Projektplan* vorkommen, *können* aber auch in einem eigenen Risikomanagementplan zusammengefaßt werden.

Dokumentation im Projektplan

Die gesamten Regelungen und Ergebnisse des Planungsprozesses *müssen* im *Projektplan* festgehalten werden. Der Projektplan *muß* nach seiner Ersterstellung reviewt werden (mit dem Review des Projektplans wird auch die Aufwandsabschätzung überprüft).

QS-Planung

Parallel zur Projektplanung und in Abstimmung dazu erfolgt die QS-Planung (siehe Kapitel 6.6): Bei der Projektplanung *müssen* QS-Anforderungen hinsichtlich aller Planungsblöcke berücksichtigt werden, insbesondere für die Planung QS-bezogener Tätigkeiten und Ergebnisse (z.B. Reviewplanung, Testplanung und -dokumentation, Phasenablaufplanung).

Abgleich der Vorgaben

Termin- und Budgetvorgaben werden meist im Zuge der Projektbeauftragung gemacht und wirken auf die Planung des Arbeitsvolumens und des Projektverlaufs (wobei sie meist Restriktionen darstellen). Vorgaben stellen eine offensichtliche Randbedingung für jede Planung dar. Ihre Erfüllung ist in jedem Fall mit den bei der Planung zur Verfügung stehenden Mitteln anzustreben. Konflikte der Termin- oder Budgetvorgaben zu den aus den Ergebnisanforderungen ermittelten Planwerten erfordern einen Abgleich, der notfalls zu einer Reduktion der Anforderungen an das *Produkt* führt (Überarbeiten der *Anforderungsspezifikation* oder Planen von mehreren Ausbaustufen mit anschließender neuerlicher Aufwandsabschätzung). Der Abgleich und die Abstimmung von Vorgaben kann nicht allein aus dem *Entwicklungsprozeß* heraus geschehen, sondern *muß* immer in Abstimmung und Zusammenarbeit mit dem *Geschäftsprozeß* erfolgen.

Ergibt sich bei der Planung lediglich ein Konflikt mit der Budgetvorgabe, so kann aus der Geschäftsverantwortung heraus bei strategisch wichtigen Projekten mit dem Auftraggeber ein Abgleich durch Kostenteilung oder Vorfinanzierung erfolgen. Wenn Kostenunterdeckung in Kauf genommen wird, so muß die Planung dennoch immer auf dem Arbeitsvolumen und nicht auf dem Budgetrahmen aufgebaut werden.

Durch den Einsatz von Netzplanwerkzeugen ist es möglich, mit relativ geringem Aufwand unterschiedliche Szenarien durchzurechnen (Funktionalität, Termine, Kosten, Priorisierung einzelner Arbeitspakete nach Dringlichkeit etc.). Voraussetzung dazu ist allerdings, daß die Planung bereits soweit gediehen ist, daß die Arbeitspakete und deren Abhängigkeiten bereits relativ detailliert definiert und erfaßt wurden.

6.4.2 Abwicklung von Angebot und Beauftragung

Die Abwicklung von Angebot und Beauftragung wird im hier vorliegenden Vorgehensmodell mit Absicht nicht allgemein geregelt, da es hier um den *Entwicklungsprozeß* geht und nicht um die Regelung des *Geschäftsprozesses*, der bei diesen Abläufen eine wesentliche Rolle spielt. Daher werden in der Folge nur die wichtigsten Verpflichtungen festgelegt, bei denen die technische Seite mitwirkt.

Angebotslegung

Wenn es zum Legen eines *Angebots* kommt (keine notwendige Bedingung für das Durchführen eines Projekts), dann *muß* bereits ein Projekt initiiert worden sein; das Angebot wird in der Phase *Definition* erstellt (der technische Teil beschreibt die angebotene Leistung, oft als Kurzform einer Anforderungsspezifikation). Da ein Angebot ein Dokument mit Vertragscharakter ist, *muß* das Angebot vor Angebotslegung überprüft werden (Aufgabendefinition, technische Machbarkeit, Entwicklungskapazität sowie kaufmännische und juristische Aspekte).

Auftragsüberprüfung

In jedem Projekt *muß* vor Auftragsannahme eine Auftragsüberprüfung durchgeführt werden, die technische und kaufmännische Aspekte umfaßt.

Unterauftragnehmer

Falls Unterauftragnehmer beauftragt werden, so *soll* eine diesbezügliche Anforderungsspezifikation entstehen und überprüft werden. Die vom Unterauftragnehmer entwickelten Komponenten *sollen* einer Prüfung unterzogen werden.

Falls die Konformität zur Norm EN ISO 9001 gefordert ist, dann gelten hier vorgesehene Festlegungen als verpflichtende Festlegungen. Üblicherweise ist allerdings die Abwicklung von Angebot und Beauftragung bereits in übergeordneten Regelwerken festgelegt.

6.4.3 Projektkontrolle, Projektsteuerung

Projekte, die nach *SEM* abgewickelt werden, *müssen* einer effektiven Projektkontrolle unterworfen werden, die wiederum eine effektive Projektsteuerung ermöglicht. Diese Vorgänge werden im SEM-Vorgehensmodell als Maßnahmen des *Projektmanagements* angesehen. Sie fallen in den Verantwortungsbereich des Projektleiters.

Projektkontrolle

Prinzipiell werden bei der Projektkontrolle die im Projektplan festgelegten Planwerte überwacht, d.h. in geeigneten Abständen mit den zu erwartenden Ist-Werten verglichen (Trendanalysen).

Die konkret gewählte Durchführung der Projektkontrolle *muß* im Projektplan des Projekts festgehalten werden.

Minimal *müssen*

- Aufwände und Kosten,
- Termine,
- Meilensteine und
- Zustände von Entwicklungsergebnissen

der Projektkontrolle unterworfen werden.

Projektsteuerung

Nach dem Auftreten von Abweichungen (Projektkontrolle) und deren Analyse *müssen* geeignete Maßnahmen zur Projektsteuerung ergriffen werden. Prinzipiell gibt es zweierlei Möglichkeiten der Projektsteuerung:

- Maßnahmen, die den Ablauf betreffen, z.B. Projektorganisation und Personaleinsatz sowie Ablaufstruktur;
- Maßnahmen, die die Planung betreffen, z.B. Umplanung bezüglich Aufwänden und Terminen.

Abstimmung bei Umplanungen

Umplanungen mit Auswirkungen auf zugesagte Leistungen oder Termine *müssen* mit dem Auftraggeber abgestimmt werden. Für diesen Abstimmungsprozeß gelten die gleichen Prinzipien wie in Kapitel 6.4.1 unter „Abgleich der Vorgaben" bei der regulären Projektplanung beschrieben (Zusammenspiel von Entwicklungs- und Geschäftsprozeß).

Eine Meilenstein-Trendanalyse, eine Kosten-Trendanalyse oder ein Aufwands-Termin-Diagramm (ATD) stellen gute Hilfsmittel zur Unterstützung von Steuerungsmaßnahmen dar.

6.4.4   Koordination, Organisation und Administration

Bereits bei der Projektinitiierung sowie während der gesamten Projektabwicklung fallen eine Reihe von Organisations-, Administrations- und Koordinationsaufgaben an. Je nach Projektgröße *sollen* diese nicht in allen Einzelheiten planbaren Aufgaben einer eigenen Projektorganisationseinheit (Großprojekte) oder der Verantwortung der Projektleitung zugewiesen werden.

6.5 Configuration Management

6.5.1 Allgemeines

In Übereinstimmung mit der Definition aus dem ANSI/IEEE-Standard wird im Vorgehensmodell *SEM-VM* unter *Configuration Management (CM)* die Regelung aller Aufgaben zur geordneten Verwaltung aller im Ablauf eines Projekts anfallenden Ergebnisse bzw. benötigten Einheiten verstanden. Für jedes nach *SEM* abgewickelte *Projekt muß* ein der Art des Projektes entsprechendes Configuration Management festgelegt und eingerichtet werden. Minimal *müssen* damit alle Komponenten des gesamten Entwicklungsprozesses versionsabhängig und reproduzierbar verwaltet werden (z.B. Softwarekomponenten wie Sourcecode, ausführbarer Code, Datenfiles etc., aber auch Dokumente, Testdaten etc.). Darüber hinaus *sollen* auch benötigte Werkzeuge und weitere Hilfsmittel der Verwaltung des Configuration Managements unterworfen werden.

CM für QS

Ziel und Zweck der geregelten Verwaltung ist es, über die verwalteten Ergebnisse (Dokumente und Daten) den Projektzustand und den Projektverlauf erkennbar, überprüfbar und definiert rücksetzbar zu machen. Somit ist Configuration Management wesentlich für eine funktionierende Qualitätssicherung.

Ein funktionierendes Configuration Management ist in SEM das gewählte Mittel zur Erfüllung zahlreicher Forderungen der Norm EN ISO 9001 wie etwa der Forderung nach „Lenkung der Dokumente und Daten" (Normelement 4.5), „Kennzeichnung und Rückverfolgbarkeit von Produkten" (4.8), „Prüfstatus" (4.12), „Lenkung fehlerhafter Produkte" (4.13) und „Handhabung, Lagerung, Verpackung, Konservierung und Versand" (4.15).

Wenn möglich, soll das CM soweit standardisiert werden, daß es als gemeinsame Einrichtung für ähnliche Projekte genutzt werden kann.

Configuration Management ist mehr als nur der Einsatz eines Tools. Es geht darum, alle erforderlichen Aspekte zu regeln; und bei der Durchführung dieser Regelungen sind Tools äußerst hilfreich. In kleinen Projekten kann es allerdings durchaus effizient sein (auch in ökonomischer Hinsicht), nicht alle Regelungen toolgestützt durchzuführen.

6.5.2 Festlegung und Einrichtung des Configuration Managements

Zur Festlegung und Einrichtung eines projektangepaßten Configuration Managements bedarf es in der Regel sowohl technischer Aktivitäten als auch entsprechender Festlegungen im Projektmanagement.

Technische Aufgaben

Die wichtigsten technisch orientierten Aufgaben, die durchgeführt werden *müssen*, sind:

- Auswahl und Festlegung der *Verwaltungseinheiten,*

- Vorgabe eines Bezeichnungs- und Ablageschemas für alle *Verwaltungseinheiten,* deren Versionen und gegebenenfalls deren Varianten,

- Festlegung der zulässigen Zustände und Zustandsübergänge von Verwaltungseinheiten im *CM-System,*

- Festlegung der einzusetzenden Tools bzw. technischer Hilfsmittel,

- Festlegung des Produktionsverfahrens zur Herstellung des *Produkts,*

- Integrationsplanung.

Projektmanagement

Die wichtigsten Projektmanagementfestlegungen, die getroffen werden *müssen*, sind:

- Festlegung eines Verfahrens zur Einbringung von Änderungen (Fehlermeldeverfahren, Change-Request-Verfahren), gegebenenfalls unter Berücksichtigung bestehender Produktversionen,

- Festlegung eines Verfahrens zur Bildung von *Konfigurationen* bei Freigaben,

- Regelung der systematischen Abwicklung der Dokumentenverwaltung (Entgegennahme, Kennzeichnung, Registratur, Verteilung und Weitergabe, Gültig- und Ungültigsetzung, Vernichtung etc.),

- Regelung der Archivierung (während der Projektdurchführung und nach Projektabschluß).

Planen von Einheiten oder Konfigurationen

Zusätzlich zu diesen verpflichtenden Festlegungen *soll* es bei größeren *Projekten* im Rahmen des *CM-Systems* möglich sein, einzelne Einheiten oder *Konfigurationen* im System zu planen und die Einhaltung der Planung zu überwachen (Prinzip: Eine bestimmte Gruppe von Einheiten soll zu einer bestimmten Version führen, die zu einem bestimmten Termin fertigzustellen ist und einen bestimmten Funktionsumfang hat).

Dokumentation im
CM-Plan

Das Ergebnis aller Festlegungen zum Configuration Management *muß* im Configuration Managementplan *(CM-Plan)* dokumentiert sein (nicht notwendigerweise als eigenes Dokument).

Der Inhalt eines CM-Plans nach SEM ist in Kapitel 8.4 beschrieben.

Einrichtung des
CM-Systems

Die Einrichtung des festgelegten *CM-Systems soll* am Ende der Phase *Definition* abgeschlossen sein, minimal *muß* jedoch die Dokumentenverwaltung sowie die Behandlung und Verwaltung von Änderungen in den Verwaltungseinheiten bis dahin eingerichtet sein.

Bei großen Projekten *sollen* schon zu Beginn der Phase Definition minimale Regelungen bezüglich eines Ablageschemas und einfacher Zugriffsschutzmechanismen festgelegt werden, insbesondere wenn mehrere Hardwareplattformen oder mehrere räumlich getrennte Entwicklungsstellen beteiligt sind.

6.6   Qualitätssicherung

6.6.1   Allgemeines

In Anlehnung an die Definition aus dem ANSI/IEEE-Standard sowie an die Definitionen aus der Norm EN ISO8402 versteht man im Vorgehensmodell *SEM-VM* unter *Qualitätssicherung* die Summe aller geplanten und systematischen Maßnahmen und Aktionen zur Sicherstellung ausreichender Zuversicht, daß die festgelegte *Produktqualität* sowie die *Wirtschaftlichkeit* des Vorhabens erreicht werden.

ISO 9001

Die zentrale Forderung der Norm EN ISO 9001 nach einem Qualitätsmanagementsystem wird im *SEM-VM* auf Projektebene durch den *QS-Plan* und einen *QSV (Qualitätssicherungsverantwortlichen)* abgedeckt; auf übergeordneter Ebene können zusätzliche Regelungen für die Erfüllung der Forderungen aus der Norm festgelegt sein (z.B. QS-Verfahrenshandbücher, Einführung einer QM-Organisation etc.).

Die Qualitätsmerkmale des Produkts sind in der *Anforderungsspezifikation* festgelegt, die am Ende der Phase Definition vorliegt. Diese Qualitätsanforderungen können vom Auftraggeber gefordert sein, bei der Analyse der Anforderungen entstanden sein oder allgemein vorausgesetzte und gesetzliche Anforderungen darstellen.

<table>
<tr><td>Festlegung und Einrichtung verpflichtend</td><td>Für jedes nach *SEM* abgewickelte *Projekt muß* eine der Art des Projekts entsprechende Qualitätssicherung festgelegt und eingerichtet werden. Minimal *muß*</td></tr>
</table>

- ein Verantwortlicher für die *Qualitätssicherung* im Projekt *(QSV)* festgelegt werden;

- für die *Prüfung*/das *Review* all jener Ergebnisse gesorgt werden, die nach SEM-VM überprüft bzw. reviewt werden müssen;

- ein *Qualitätssicherungsplan* (QS-Plan) erstellt werden.

<table>
<tr><td>QS-Plan</td><td>Die getroffenen Regelungen und Festlegungen zur *Qualitätssicherung müssen* vorausgeplant werden und im *QS-Plan* selbst dokumentiert werden.</td></tr>
</table>

Der Inhalt eines Qualitätssicherungsplans nach SEM ist in Kapitel 8.13 beschrieben.

<table>
<tr><td>Früherkennung von Fehlern</td><td>Oberstes Ziel der *Qualitätssicherung* im Projekt *muß* die frühe Erkennung von möglichen Fehlern und Fehlerquellen und somit die Vermeidung hoher Fehlerbehebungskosten in den späten Phasen des Projekts oder während des Produkteinsatzes sein. Dazu ist es erforderlich, daß die Qualitätssicherung ein in den gesamten Projektablauf integrierter Bestandteil ist, der alle Projektbeteiligten betrifft, so daß im Verlauf der Entwicklung ständig entsprechende Qualität erzeugt wird, anstatt diese erst am Ende des Prozesses zu überprüfen.</td></tr>
</table>

6.6.2   Festlegung und Einrichtung der Qualitätssicherung

In einer projektangepaßten und effektiven *Qualitätssicherung müssen* gemäß *SEM-VM* folgende Bereiche abgedeckt sein:

- allgemeine Fehlerverhütung,

- Validierung und Verifizierung von Ergebnissen,

- Bewertung von Produktqualität,

- Aufzeigen und Berichten von Qualitätsproblemen,

- Führung von Qualitätsnachweisen,

- Überwachung von Lieferanten und Unterauftragnehmern,

- Überprüfung beigestellter Produkte.

Allgemeine Fehlerverhütung

In jedem Projekt *muß* überlegt werden, welche allgemeinen oder speziellen Fehlerverhütungsmaßnahmen angewendet werden sollen. Diese Überlegungen *sollen* in jedem Projekt umfassen:

- die Festlegung von einheitlichen Projektstandards (Standardverteiler, Dokumentenvorlagen, Programmierkonventionen, Werkzeuge etc.),
- projektspezifische Vorbeugungs- und Korrekturmaßnahmen,
- die Durchführung allgemeiner oder spezieller Schulungsmaßnahmen,
- Maßnahmen, die die Kommunikation und Teamfähigkeit fördern,
- die Analyse von Fehlerursachen.

Das Ergebnis *muß* im Qualitätssicherungsplan dokumentiert werden, damit die definierten Verfahren auch auf ihre Einhaltung hin überprüft werden können.

Validierung und Verifizierung der Ergebnisse

In jedem Projekt *muß* festgelegt werden, welche allgemeinen oder speziellen Maßnahmen angewendet werden sollen, um die Brauchbarkeit des Produkts *(Validierung)* sowie die Korrektheit der Lösung *(Verifizierung)* überprüfen zu können. Es kommen z.B. folgende Überprüfungsmaßnahmen in Frage:

- Dokumentenreviews,
- explorative Prototypen,
- Formalprüfungen,
- formale Beweise,
- Usability Inspections (Überprüfung der Brauchbarkeit),
- Codereviews,
- statische Codeanalysen,
- Simulationen,
- Tests,
- Prüfmittelüberwachung.

Die Planung dieser Maßnahmen *muß* im *QS-Plan* dokumentiert werden.

Testplan Für Tests *muß* ein eigener *Testplan* erstellt werden. Bei Kleinprojekten *kann* dieser in ein anderes Dokument integriert werden (z.B. in die Lösungsspezifikation), bei allen anderen Projekten *soll* der Testplan ein eigenes Dokument darstellen.

Der Inhalt eines Testplans nach SEM ist in Kapitel 8.14 beschrieben.

Bewertung von Produktqualität

Die in der Anforderungsspezifikation definierten, produktbezogenen *Qualitätsanforderungen müssen* ebenso wie die damit verbundenen technischen Anforderungen laufend über den gesamten Projektverlauf auf Erfüllung überprüft werden. Bei Software *soll* eine Bewertung stattfinden, die sich auf die Qualitätsmerkmale nach SN 77350 bezieht.

Die Broschüre „Qualitätsbewertung von Software" [Siemens 88] beschreibt ein Bewertungsschema zur Quantifizierung der Softwarequalität und kann in diesem Zusammenhang unterstützend eingesetzt werden.

Aufzeigen und Berichten von Qualitätsproblemen

Probleme, die sich bei der Abwicklung im Projektverlauf ergeben und unmittelbare oder mittelbare Auswirkungen auf die Produktqualität haben, *müssen* in geeigneter Weise sofort bei deren Erkennen aufgezeigt werden; sie *sollen* in regelmäßig erstellten *Q-Berichten* dokumentiert und von den als verantwortlich Ausgewiesenen verfolgt werden. Die gewählte Art der Berichterstattung *muß* im *QS-Plan* des Projekts festgehalten werden (die Berichte *sollen* Maßnahmen, Verantwortungen und Termine enthalten).

Es gibt eine Vielzahl von Problemen im Projektverlauf, die letztlich Auswirkungen auf die Qualität des Produkts haben können, z.B.:

- das Fehlen eines wichtigen Betriebsmittels über längere Zeit (Rechner, Software, ...),
- Verzögerungen im geplanten Aufbau des Projektteams (Mitarbeiter stehen zu spät oder gar nicht zur Verfügung),
- das Weglassen eines Codereviews aus Zeitproblemen,
- zu später Beginn der Test- und Testautomatisierungsplanung etc.

Führung von Qualitätsaufzeichnungen

Aus den Festlegungen im *QS-Plan muß* hervorgehen, welche Schriftstücke (Protokolle, Berichte etc.) im Projekt als *Q-Aufzeichnungen* gelten und wie sie archiviert werden (Medium, Ort, Dauer der Aufbewahrung auch über das Projektende hinaus).

Überwachung von Lieferanten und Unterauftragnehmern

Bei der Vergabe von Unteraufträgen an Unterauftragnehmer oder der Bestellung von Produktbestandteilen bei Lieferanten *müssen* neben den Anforderungen an das zu erstellende Produkt auch Anforderungen bezüglich vorgesehener QS-Maßnahmen gestellt werden (Beschaffungsangaben *müssen* überprüft werden).

QS-Plan

Solche QS-Maßnahmen *müssen* in den *QS-Plan* aufgenommen werden; sie betreffen im allgemeinen Endprüfungen und Zwischenprüfungen an den zu liefernden Ergebnissen. Zur generellen Überprüfung des Qualitätsmanagementsystems eines Unterauftragnehmers oder eines Lieferanten *können* eigene Audits vorgesehen werden.

Dieser Bestandteil des QS-Plans deckt projektbezogen die Forderungen der Norm EN ISO 9001 ab, die den Themenkreis Beschaffung betreffen (Normelement 4.6). Die dabei entstehenden Unterlagen haben den Status von Qualitätsaufzeichnungen im Sinne der Norm.

Das Verfahren zur Abwicklung der Beschaffung von Produktkomponenten ist üblicherweise nicht auf der Ebene des Projekts, sondern auf übergeordneter Ebene geregelt (Erstellung von Beschaffungsunterlagen, Lieferanten-Vorzugslisten, Prüfung/Verifizierung der beschafften Produkte etc.). Im QS-Plan sollen daher nur die projektspezifischen Ergänzungen und Sonderfälle geregelt werden.

Überprüfung beigestellter Produkte

Wenn der Auftraggeber Komponenten beistellt, die ins Produkt integriert werden sollen oder für das Projekt benötigt werden (z.B. Tools), so *müssen* im QS-Plan die nötigen Überprüfungen definiert werden, die bei der Übernahme durchgeführt werden sollen (incl. Dokumentation der Überprüfungen).

6.7   Wiederverwendung

Die gezielte Verwendung bereits vorhandener Elemente *(Wiederverwendung)* sowie die bewußte Gestaltung zu entwickelnder Elemente im Hinblick auf eine spätere Wiederverwendung *(Wiederverwendbarkeit)* stellen wichtige Maßnahmen zur Steigerung der Produktivität in Entwicklungsprojekten dar. Wiederverwendung läßt wegen der breiteren Erprobung daneben auch eine Qualitätssteigerung erwarten.

Überprüfung in Definition und Entwurf

Aus diesen Gründen *muß* bei jedem Projekt in den Phasen *Definition* und *Entwurf* überprüft werden, ob und in welchem Umfang *Wiederverwendung* und *Wiederverwendbarkeit* Berücksichtigung finden sollen. Die Überlegungen zur *Wiederverwendung* *sollen* sich nicht nur auf Produktteile, sondern allgemeiner auch auf Methoden, Tools, Entwürfe, Dokumente, Daten und wichtige Projekterfahrungen jedweder Art erstrecken.

WV-Plan

Das Ergebnis dieser Überprüfung *muß* im *WV-Plan* des Projekts dokumentiert werden.

Wiederverwendbarkeit

Bei einer Entscheidung für das Unterstützen der *Wiederverwendbarkeit* von Elementen *müssen* die Regeln für deren Gestaltung, die zugeordneten Qualitätsmerkmale und die Form der Dokumentation im WV-Plan des Projekts festgeschrieben werden. Eine genaue Einhaltung und Dokumentation dieser Prinzipien ist für eine spätere erfolgreiche Wiederverwendung von großer Bedeutung.

☞ Der Inhalt eines WV-Plans nach SEM ist in Kapitel 8.15 beschrieben.

7 Projektphasen

7.1 Allgemeines

In diesem Kapitel werden die einzelnen Abschnitte (Phasen) der im Vorgehensmodell festgelegten Phasenorganisation in übersichtlicher Form dargestellt:

- geforderte Voraussetzungen,
- vorgesehene Tätigkeiten,
- geforderte Ergebnisse,
- verbindliche Meilensteine.

Die hier dargestellten Voraussetzungen, Tätigkeiten, Ergebnisse und Meilensteine sind als verbindlich anzusehen und *müssen* in allen *SEM-Ausprägungen* beachtet werden.

Durch die Betrachtung der Phasen als „abgeschlossene" Abschnitte mit festgelegtem Ziel, definierten Voraussetzungen und definierten Ergebnissen ist es möglich,

1. die Phasen verschiedenen Phasenablauforganisationen zu unterwerfen (es gibt keine impliziten Voraussetzungen wie beim Wasserfall-Modell),

2. einzelne Phasen im „Schnellverfahren" zu durchlaufen, sofern die Ergebnisse von Folgephasen bereits vorliegen (das kann unterschiedlichste Gründe haben),

3. definierte Phasen oder Phasensequenzen wiederholt zu durchlaufen (z.B. Change Requests oder iterative Phasenablauforganisation).

Wenn als Ergebnis ein Dokument gefordert wird, dann ist dies nicht als Forderung nach einem Einzeldokument im Sinne einer 1:1-Zuordnung von Ergebnis und Dokument zu verstehen: Lediglich die Ergebnisse müssen vorliegen. So kann es sinnvoll sein, bei Kleinprojekten einige Ergebnisse in einem Dokument zusammenzufassen (z.B. Projektplan, CM-Plan, WV-Plan); bei großen Projekten jedoch werden in der Regel Dokumente in Teildokumente aufgesplittet. In den SEM-Ausprägungen werden jeweils übliche Realisierungen in Form von Checklisten und Dokumentenvorlagen unterstützt.

Schema der Kurzbezeichnungen

Alle Voraussetzungen (Kennzeichnung V), Tätigkeiten (T) und Ergebnisse (E) sind durch vorangestellte Kleinbuchstaben den folgenden Verantwortungsbereichen zugeordnet (dies kann selbstverständlich nur eine Grobzuordnung sein):

- technisch (t),

- qualitätssichernd (q) und

- projektsteuernd (p).

Innerhalb eines Verantwortungsbereichs erfolgt eine Durchnumerierung. Daher wird z.B. in der Phase Initiierung der Lösungsvorschlag mit tE1 bezeichnet (erstes technisches Ergebnis), der Projektentscheid mit pE2 (zweites projektsteuerndes Ergebnis) und die Analyse der QS-Erfordernisse mit qT1 (erste qualitätssichernde Tätigkeit).

Verpflichtungsgrad

Die in der Folge mittels grau hinterlegter Balken dargestellten Voraussetzungen, Tätigkeiten und Ergebnisse verstehen sich meist als verpflichtend (aus der Formulierung *„muß"* im begleitenden Text erkennbar). In den graphischen Übersichten der einzelnen Phasen sind *muß*-Bestimmungen **fett** dargestellt, *soll*-Bestimmungen ohne Auszeichnung. In einigen Fällen handelt es sich um ein „bedingtes Muß": Die Bestimmung *muß* eingehalten werden, wenn bestimmte Voraussetzungen vorliegen oder fehlen (dies gilt z.B. für das Überarbeiten von Plänen). Derartige Bestimmungen werden in den Übersichten *kursiv* dargestellt.

QS-bezogene Tätigkeiten

Aus Gründen der Übersichtlichkeit werden nicht alle Einzeltätigkeiten extra ausgewiesen. Dies betrifft insbesondere QS-bezogene Tätigkeiten: Die entstehenden Projektergebnisse *müssen* einer *Prüfung* unterzogen werden (betrifft nur *Dokumente* und entwickelte Komponenten, nicht aber Aufzeichnungen wie Protokolle, interne Notizen und *Q-Aufzeichnungen*); zentrale Ergebnisse *müssen* einem *Review* unterzogen werden (darauf wird stets bei der Beschreibung der Tätigkeit hingewiesen, die zur Entstehung des Ergebnisses führt). Die bei Prüfungen und Reviews entstehenden Unterlagen gelten als *Q-Aufzeichnungen* (im *QS-Plan* geregelt).

Ziele

Die in jeder Phase vorhandenen Ziele (Z) sind jeweils nur allgemein, also nicht nach Verantwortungsbereichen differenziert angegeben.

Meilensteine	*Meilensteine* (M) kennzeichnen einen markanten Punkt im Projektgeschehen, meist verbunden mit der Freigabe wichtiger Ergebnisse. Die Meilensteine im Vorgehensmodell werden nach der Art des jeweils wichtigsten Ergebnisses gekennzeichnet (**P**rojektsteuernd, **T**echnisch, **Q**ualitätssichernd). Die Numerierung erfolgt aufsteigend nach den Phasen (Ausnahme P0 für den Projektanstoß): So ist z.B. T2 („Anforderungen definiert, überprüft und mit dem Auftraggeber abgestimmt") der technische Meilenstein der Phase Definition.
Meilensteine in den SEM-Ausprägungen	In den *SEM-Ausprägungen* können Meilensteine des *Vorgehensmodells* durch differenziertere ersetzt und zusätzliche Meilensteine eingeschoben werden (zweistellige Numerierung). So ist z.B. ein Meilenstein Q40 vorstellbar („Zulieferungen überprüft und integriert" in der Phase Realisierung) oder das Ersetzen des Meilensteins T3 durch T31 „Systemspezifikation erstellt und überprüft") und T32 („Detailspezifikation erstellt und überprüft"). Auf Projektebene kann nach Bedarf weiter ersetzt werden, z.B. T321 „Detailspezifikationen für Komponentengruppe A erstellt und überprüft" etc.
Phasen in den SEM-Ausprägungen	Die hier beschriebenen Phasen und auch deren Bezeichnung sind in allen *SEM-Ausprägungen* verpflichtend; pro Phase werden Beispiele für mögliche Unterteilungen in Teilphasen angegeben. In den *SEM-Ausprägungen* können auch Teilphasen verpflichtend werden.
Bezeichnungen	Die Bezeichnungen für Voraussetzungen, Tätigkeiten und Ergebnisse sind möglichst allgemeingültig gehalten. In den einzelnen *SEM-Ausprägungen* können durchaus andere Bezeichnungen definiert sein, wenn sie im jeweiligen Bereich bereits bekannt und eingeführt sind.
Zuordnungen	Die Zuordnung von Voraussetzungen, Tätigkeiten und Ergebnissen innerhalb einer Phase ist zum Teil trivial (z.B. bei der Phase Definition tT7 „Erstellen des WV-Plans", tE3 „Wiederverwendungsplan (WV-Plan)"), zum Teil recht komplex (etwa für die Erstellung der Anforderungsspezifikation). Daher erfolgt keine explizite Darstellung des Zusammenhangs zwischen einzelnen Voraussetzungen, Tätigkeiten und Ergebnissen (sie wäre notwendigerweise extrem unübersichtlich).

7.2 Überblick der Meilensteine und Phasenergebnisse

Bild 26 gibt einen Überblick über die Meilensteine und Phasenergebnisse gemäß SEM-VM. Die einzelnen Phasen werden im folgenden detaillierter besprochen.

Bild 26:
Übersicht
der Phasenergebnisse

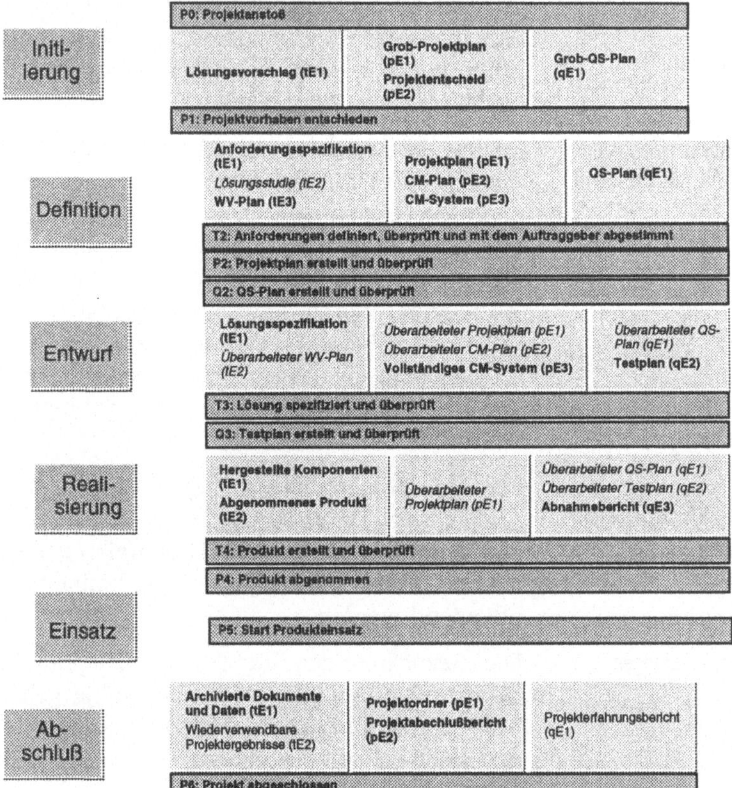

Überlappungen
von Phasen

Innerhalb der *Durchführungsphasen* (Phase Definition bis Phase Einsatz) ist die Überlappung einzelner Phasen gestattet, wenn abgeschlossene Ergebnisse einer Phase vorliegen und genau diese Ergebnisse die Voraussetzungen für durchzuführende Tätigkeiten der Folgephase darstellen (die Entscheidung darüber kann nur für konkrete Projekte vom *Projektleiter* in Absprache mit dem *QSV* getroffen werden). Zudem müssen Überlappungen in der jeweiligen *SEM-Ausprägung* gestattet sein: Überlappungen von Phasen können zwar zu einer Verkürzung der Projektlaufzeit führen, sie erhöhen jedoch das Projektrisiko und sollten daher hinsichtlich ihrer möglichen Auswirkungen gut durchdacht sein.

7.3   Phase Initiierung

Bild 27:
Einbettung der
Phase Initiierung

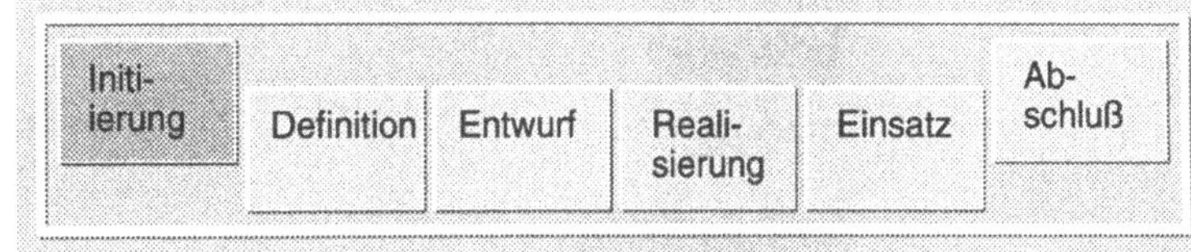

7.3.1   Überblick

Bild 28:
Überblick zur
Phase Initiierung

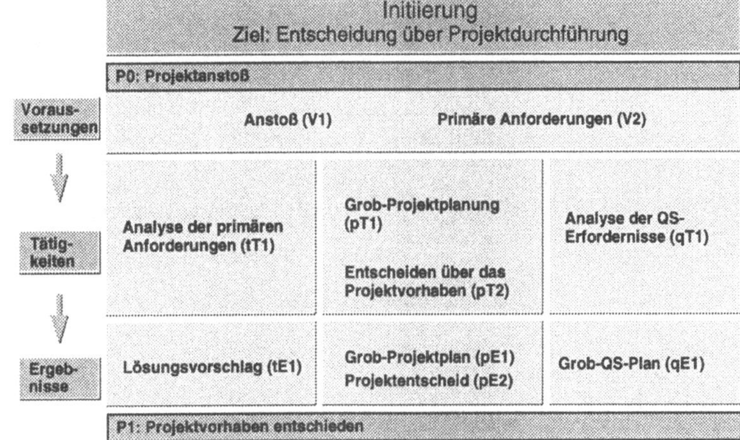

7.3.2   Allgemeines

Die Phase Initiierung *muß* immer bei Inangriffnahme eines *Vorhabens* durchlaufen werden. Falls bei der Durchführung der Tätigkeiten deutlich erkennbar wird, daß der Projektentscheid negativ ausgehen wird („k.o.-Kriterium"), dann können die Tätigkeiten abgebrochen werden; es *muß* allerdings jedenfalls ein Projektentscheid entstehen, in dem auch die Gründe für den Abbruch dargestellt werden.

7.3.3   Phasenziele

Z1   Entscheidung über Projektdurchführung

Am Ende dieser Phase *muß* eine Entscheidung über die Durchführung eines angestoßenen Projektvorhabens vorliegen. Je nach der Art der bisherigen und möglichen zukünftigen Zusammenarbeit *kann* der mögliche *Auftraggeber/Kunde* in die Entscheidung eingebunden sein oder nicht.

7.3.4 Teilphasen

In der Phase *Initiierung* sind keine Teilphasen vorgesehen.

7.3.5 Voraussetzungen

Die für die Phase *Initiierung* geforderten Voraussetzungen lassen sich nicht sinnvoll bestimmten Projektverantwortungsbereichen zuordnen, sie stellen generelle Voraussetzungen dar.

V1   Anstoß

Ein Projektanstoß kann z.B. durch eine konkrete Anfrage oder durch Überlegungen zur Teilnahme an einer Ausschreibung erfolgen. Er kann von außen her oder aus der eigenen Organisationseinheit erfolgen und bewirkt die Beschäftigung mit den *primären Anforderungen*. Der Anstoß *muß* schriftlich dokumentiert sein.

V2   Primäre Anforderungen

Primäre Anforderungen können z.B. in Form von Anforderungslisten, Ausschreibungsunterlagen oder ausgearbeiteten Anforderungsdokumenten vorliegen. Sie sind im allgemeinen nicht vollständig oder konsistent, *müssen* jedoch als Basis für die Erarbeitung der Ergebnisse der Phase herangezogen werden.

Anfragen oder Ausschreibungen werden keiner Prüfung gemäß der Norm EN ISO 9001 „Vertragsprüfung" unterzogen. Eine Prüfung ist erst beim Stellen eines Angebots bzw. bei Vorliegen eines Auftrags nötig (siehe Kapitel 6.4.2).

7.3.6 Tätigkeiten

tT1   Analyse der primären Anforderungen

Die *primären Anforderungen müssen* soweit analysiert werden, wie dies für die Vorbereitung einer Entscheidung über die Durchführung des *Vorhabens* erforderlich ist. Gespräche und ggf. enge Zusammenarbeit mit *Auftraggebern/Kunden/Anwendern* können dabei nötig sein, ebenso das Einbeziehen von Experten. Die Ergebnisse dieser Analyse fließen in den *Lösungsvorschlag* ein.

Analysen nur für Projektentscheidung

Die Analysen *sollen* nur soweit durchgeführt werden, wie dies für die Entscheidung über die Projektdurchführung erforderlich ist. Weiterführende Analysen *sollen* dann bereits im Rahmen eines *Projekts* erfolgen.

pT1   Grob-Projektplanung

Die Grob-Projektplanung ist die Entscheidungsgrundlage für die Durchführung des *Projekts* aus projektsteuernder Sicht. Daher *muß* der *Grob-Projektplan* ausreichend detailliert sein, um diese Entscheidung treffen zu können. Machbarkeit, Aufwands-, Kosten- und Terminrahmen, Einsatzmöglichkeiten geeigneten Personals sowie mögliche Projektrisiken müssen unbedingt erarbeitet bzw. abgeklärt werden. Dies betrifft sowohl externe Projektrisiken (Marktrisiken etc.) als auch interne (z.B. knappe Termine, mögliche Probleme bei Personaleinsatz und technischen Vorkenntnissen, neue Technologien etc.).

Bei vermutlich „kritischen" größeren Projekten *soll* zusätzlich zum Grob-Projektplan eine eigene detaillierte Risikoanalyse durchgeführt werden.

pT2   Entscheiden über das Projektvorhaben

Die Entscheidung über das Projektvorhaben basiert auf den vorliegenden und in dieser Phase erarbeiteten Unterlagen. Sie *muß* von einem dafür vorgesehenen Gremium oder Verantwortlichen erfolgen. Der mögliche zukünftige *Auftraggeber kann* in diese Entscheidung eingebunden werden. Bei einem positiven Projektentscheid *muß* die Kaufmannschaft entsprechend den Regelungen im *Geschäftsprozeß* eingebunden werden.

Es ist sehr wichtig, diese weitreichende Entscheidung entsprechend zu unterstützen. Bei Siemens PSE existiert dazu ein Leitfaden „Projektinitiierung" [Siemens 95].

qT1   Analyse der QS-Erfordernisse

Die Analyse der Qualitätssicherungserfordernisse *muß* immer erfolgen, da sie die Entscheidung über die Projektdurchführung mitbeeinflußt. Die bereits bekannten QS-relevanten Vorgaben aus den primären Anforderungen und Gesprächen mit dem Auftraggeber *müssen* hier einfließen (z.B. vorgegebene Entwick-

lungsmethodik und Phasenablaufmodell; verpflichtende Methoden, Verfahren und Werkzeuge; Sicherheitsrelevanz und be-
hördlicher Sicherheitsnachweis). Das Ergebnisdokument dieser
Analyse ist der *Grob-QS-Plan*.

7.3.7   Ergebnisse

tE1   Lösungsvorschlag

Der Lösungsvorschlag basiert auf den analysierten *primären
Anforderungen*. Er *muß* in groben Zügen die geplanten *Lieferkomponenten (Produkt)* und den geplanten Lösungsweg darstellen (gegebenenfalls auch Lösungsalternativen).

Der Inhalt eines Lösungsvorschlags ist in Kapitel 8.9 beschrieben.

pE1   Grob-Projektplan

Der *Grob-Projektplan muß* aus der Sicht der ersten Analysen die
wesentlichsten Kennwerte des geplanten Projekts darstellen (wie
etwa die Projektverantwortlichkeit sowie Aufwands- und Terminrahmen).

Der Inhalt eines Grob-Projektplans ist in Kapitel 8.5 beschrieben.

pE2   Projektentscheid

Die Entscheidung über die Durchführung des Projektvorhabens
muß schriftlich in Form eines *Projektentscheids* vorliegen und
hinreichend begründet sein. Sie stützt sich im allgemeinen auf
die anderen Phasenergebnisse ab.

qE1   Grob-QS-Plan

Der *Grob-QS-Plan muß* aus der Sicht der ersten Analysen die
wesentlichsten QS-Erfordernisse des geplanten Projekts darstellen (Vorgehensmodell, Qualitätsanforderungen und Qualitätssicherungsanforderungen). Hier *muß* auch ggf. dokumentiert werden, daß das Projekt nach der vom *Auftraggeber* vorgegebenen
Entwicklungsmethode (ungleich SEM) abgewickelt wird (damit
liegt für die Durchführung kein Projekt nach *SEM* vor).

Der Inhalt eines Grob-QS-Plans ist in Kapitel 8.6 beschrieben.

7.3.8 Abhängigkeiten der Tätigkeiten und Ergebnisse von der Phasenablauforganisation

In der Phase Initiierung *soll* überlegt werden, nach welcher *Phasenablauforganisation* im weiteren Projektverlauf vorgegangen wird. Eine Entscheidung über die weitere Phasenablauforganisation *kann* bereits gefällt werden, wenn die Voraussetzungen dazu gegeben sind. Bezüglich der Abhängigkeit der verpflichtenden Tätigkeiten und Ergebnisse der Phase *Initiierung* von der gewählten Phasenablauforganisationsform sind die in Kapitel 6.3 angegebenen Prinzipien zu berücksichtigen:

1. In der zu Beginn jedes Projektes geforderten Initiierungsphase *müssen* bei allen Phasenablauforganisationen verpflichtende Tätigkeiten und Ergebnisse in gleicher Weise vorliegen.

2. Wird bei Anwendung der „zusammengesetzten" Phasenablauforganisationsformen (Evolutionsmodell, Ausbaustufenmodell) projektspezifisch oder über den *Geschäftsprozeß* die Durchführung weiterer Initiierungen für einzelne Versionen bzw. Ausbaustufen entschieden, so *kann* es gegenüber der verpflichtenden Erstinitiierung des Projekts zu definierten Abweichungen in Tätigkeiten und Pflichtergebnissen kommen, die im Projekt oder dem Geschäftsprozeß festgelegt sind.

Beim Evolutions- und Ausbaustufenmodell kann es dann sinnvoll sein, vor der Entwicklung jeder Version/Ausbaustufe eine formelle Initiierung durchzuführen, wenn größere Zeiträume zwischen aufeinanderfolgenden Versionen/Ausbaustufen liegen oder neue Anstöße aus dem Geschäftsprozeß kommen, sodaß z.B. die Durchführungsbedingungen erneut geprüft werden sollen. Es sollte jedenfalls angestrebt werden, daß bei der Entwicklung einer nachfolgenden Version/Ausbaustufe die größtmögliche Kontinuität erzielt werden kann.

7.3.9 Meilensteine

P0   Projektanstoß

Der Meilenstein ist erreicht, wenn beschlossen wurde, sich mit vorliegenden *primären Anforderungen* auseinanderzusetzen.

P1   Projektvorhaben entschieden

Der Meilenstein ist erreicht, wenn alle *Pflichtergebnisse* der Phase vorliegen.

7.4   Phase Definition

Bild 29:
Einbettung der
Phase Definition

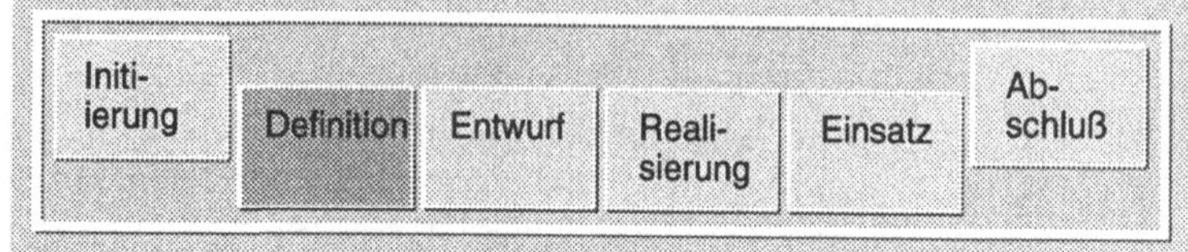

7.4.1   Überblick

Bild 30:
Überblick zur
Phase Definition

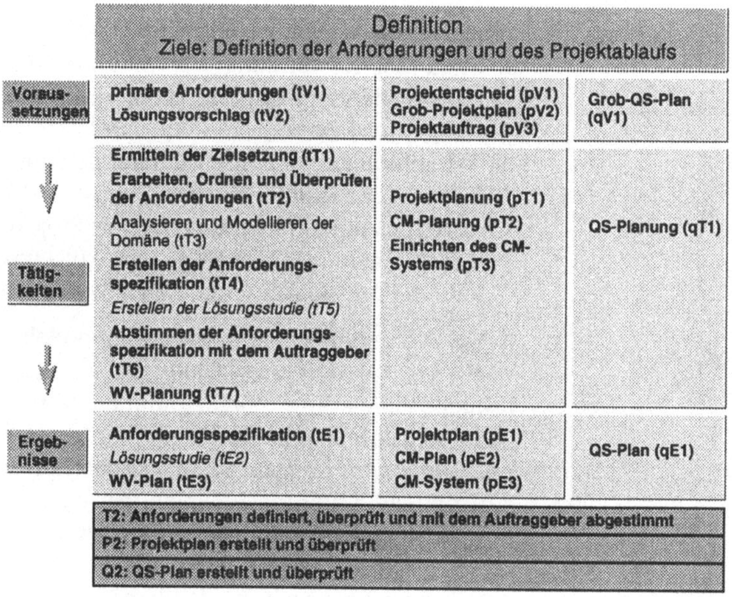

7.4.2   Allgemeines

Diese Phase *muß* die erste Phase nach der positiven Entscheidung über die Projektdurchführung darstellen. Auch wenn keine
Anforderungsspezifikation erstellt werden muß, weil diese schon
vorgegeben ist, *müssen* in dieser Phase die Anforderungen überprüft werden und wesentliche projektspezifische Planungsaufgaben durchgeführt werden *(Projektplan, QS-Plan, ...)*.

Angebotserstellung

Wenn in der Phase Definition ein *Angebot* erstellt wird, so hat
diese Phase zunächst „vorläufigen" Charakter: *Anforderungsspezifikation* und Planungsdokumente sind vorerst nur bis zu dem

Detaillierungsgrad zu erstellen, der für das *Angebot* nötig ist. Erst bei Erhalt eines Zuschlags ist eine genaue *Projektplanung* sowie die Erstellung einer detaillierten *Anforderungsspezifikation* erforderlich.

Im Angebot *soll* die Verpflichtung des *Auftraggebers* zur Abstimmung und Abnahme der Anforderungsspezifikation gefordert werden. Dies ist hinsichtlich der Definition von überprüfbaren Abnahmekriterien des fertiggestellten Produkts von großer Bedeutung.

Da ein Angebot rechtsverbindlichen Charakter hat, ist die sorgfältige Durchführung einer Angebotsprüfung gemäß den entsprechenden firmeninternen Richtlinien sehr wichtig (häufig in einem QS-Verfahrenshandbuch geregelt). Dies ist auch eine wesentliche Forderung der Norm EN ISO 9001 (Normelement 4.3 „Vertragsüberprüfung").

7.4.3 Phasenziele

Z1 Definition der Anforderungen

Am Ende dieser Phase *müssen* die Anforderungen an das *Produkt* (Ziele, funktionale Anforderungen, Verhaltensanforderungen, angestrebte Produktwirkung, Einbettung in das Umfeld) genau festgelegt und zugleich die Realisierbarkeit sichergestellt sein.

Es ist zu beachten, daß unter „Produkt" allgemeine Systemlösungen, also auch Organisations- und Verfahrenslösungen sowie die Einbeziehung gekaufter Komponenten gemeint sein können. Der Begriff „Produkt" steht hier stellvertretend für das jeweilige ausgelieferte Ergebnis (Lieferkomponenten).

Unter „angestrebter Produktwirkung" ist das Motiv für die Einführung zu verstehen, also etwa das Verkürzen von Durchlaufzeiten, das Verringern von Kosten, das Einführen neuer Leistungen, das Verbessern von Infrastrukturen etc.

Z2 Definition des Projektablaufs

Am Ende dieser Phase *müssen* der gesamte Projektverlauf und die zur Durchführung erforderlichen Qualitätssicherungsmaßnahmen festgelegt sein. Diese Festlegungen basieren auf der Anforderungsspezifikation.

7.4.4 Teilphasen

Die Phase Definition *kann* abhängig von Art und Größe des Projekts in Teilphasen zerlegt werden.

Mögliche Teilphasen-
aufteilungen

Beispiele für mögliche Aufteilungen in Teilphasen sind:

- Benutzeranforderungsphase und Systemanforderungsphase oder

- Lastenheft- und Pflichtenheftphase.

7.4.5 Voraussetzungen

Für die Phase Definition *müssen* folgende Voraussetzungen vorhanden sein.

tV1   Primäre Anforderungen

Hier sind jene *primären Anforderungen* gemeint, die auch bei der Initiierung des Projekts vorgelegen sind. Da sicherlich nicht sämtliche primären Anforderungen in vollständiger Weise im *Lösungsvorschlag* Eingang gefunden haben, sind sie auch in der Phase Definition weiter zu berücksichtigen.

Falls beim Projektentscheid festgestellt wurde, daß die primären Anforderungen nicht dazu geeignet sind, das Projekt nach SEM durchführen zu können, ist diese Voraussetzung nicht erfüllt. Die primären Anforderungen können evtl. im Rahmen eines Studienauftrags (nicht notwendigerweise als Projekt) weiter analysiert und geordnet werden.

tV2   Lösungsvorschlag

Der *Lösungsvorschlag* wurde in der Phase Initiierung erstellt und basiert auf den analysierten primären Anforderungen. Er ist daher ein wichtiges technisches Ausgangsdokument der Phase Definition.

pV1   Projektentscheid

Die Phase Definition darf nur dann in Angriff genommen werden, wenn ein positiver *Projektentscheid* vorliegt.

pV2   Grob-Projektplan

Der in der Phase Initiierung erstellte *Grob-Projektplan* stellt die Basis für die weitere Projektplanung dar.

pV3 Projektauftrag

Wurde in der Phase *Initiierung* die Durchführung des Projekts beschlossen (positiver Projektentscheid), so *muß* als Voraussetzung der Phase Definition ein anschließend erteilter *Projektauftrag* an die projektabwickelnde Stelle vorliegen, der zumindest die Phase *Definition* umfaßt (interner oder Kundenauftrag).

Angebot

Wird im Zuge dieser Phase ein *Angebot* ausgearbeitet (und liegt somit noch kein Kundenauftrag vor), *muß* zumindest ein schriftlicher interner Projektauftrag vorliegen. Der endgültige Auftrag *muß* bezüglich seiner Übereinstimmung mit dem Angebot überprüft werden.

Eine Beauftragung *kann* auch in Form des Durchreichens des Projektentscheids an die Entwicklung geschehen (falls dies im entsprechenden *Geschäftsprozeß* so vorgesehen ist).

qV1 Grob-QS-Plan

Der in der Phase Initiierung erstellte *Grob-QS-Plan* stellt die Basis für die weitere Planung der Qualitätssicherung dar.

7.4.6 Tätigkeiten

tT1 Ermitteln der Zielsetzung

Vor der detaillierten Erarbeitung der Anforderungen *muß* aus den vorliegenden *primären Anforderungen* und/oder aus ergänzenden Gesprächen mit dem Auftraggeber die *Zielsetzung des Produkts* ermittelt werden. Die Ergebnisse *müssen* in der *Anforderungsspezifikation* festgehalten werden.

tT2 Erarbeiten, Ordnen und Überprüfen der Anforderungen

Beim Erarbeiten der Anforderungen *muß* darauf geachtet werden, daß alle Arten von Anforderungen erhoben, erfaßt, geordnet und auf ihre Machbarkeit überprüft werden. Dabei *soll* auch die Herkunft und ggf. eine Begründung und Gewichtung der Anforderungen dokumentiert werden (wichtig für spätere Nachvollziehbarkeit).

Anforderungen an Produkt und Projekt

Es *müssen* sowohl *produktbezogene Anforderungen* beachtet werden als auch *projektbezogene:*

Wesentliche produktbezogene Anforderungen:

- Funktionale Anforderungen,
- Verhaltensanforderungen,
- Betriebsanforderungen,
- Schnittstellenanforderungen,
- Qualitätsanforderungen,
- Sicherheitsanforderungen,
- Schutzanforderungen,
- WV-Anforderungen.

Wesentliche projektbezogene Anforderungen:

- Realisierungsanforderungen,
- Dokumentationsanforderungen,
- Produktabnahmeanforderungen,
- Gewährleistungsanforderungen,
- Rahmenbedingungen hinsichtlich Aufwand und Termin.

Anforderungsbehandlung

Die Erarbeitung der Anforderungen bzw. das Ordnen und Überprüfen bereits vorliegender Anforderungen (Anforderungserfassung) *soll* zweckmäßigerweise mit dem Analysieren und Modellieren der *Domäne* (tT3) Hand in Hand gehen. Anforderungen, die zu Widersprüchen führen oder deren Erfüllung nicht garantiert werden kann, *müssen* mit dem *Auftraggeber*, manchmal auch mit dem *Kunden* oder dem vorgesehenen *Anwender* ausdiskutiert werden. Wichtige Gesichtspunkte bei der Überprüfung sind die Zweckmäßigkeit, Handhabbarkeit, Widerspruchsfreiheit, Vollständigkeit und Realisierbarkeit der Anforderungen (bei der Entwicklung von Standardprodukten ist auch die Marktkonformität ein wichtiges Kriterium). Die Ergebnisse *müssen* in der *Anforderungsspezifikation* festgehalten werden (tT4).

Wichtig ist hier eine klare Trennung von Anforderungen und Entwurf. Auch durch den Auftraggeber sollten möglichst keine Entwurfs-Vorgaben erfolgen.

tT3   Analysieren und Modellieren der Domäne

Neben den explizit niedergeschriebenen Anforderungen gilt es auch, eine ganze Reihe von implizit als bekannt vorausgesetzten Anforderungen zu analysieren und zu verstehen. Diese Anforderungen sind zum Gutteil „domänenspezifisch", d.h. sie betreffen Inhalte, Zusammenhänge und Abläufe eines bestimmten Gebiets (Geschäftsfeld, Branche, Teilbereich). Hier geht es darum, das Anwendungsgebiet der Lösung zu erfassen und inhaltlich zu verstehen (z.B. „Bankanwendung für Kreditvergabe"). Im Zuge des Analysierens und Modellierens dieser *Domäne soll* ein Modell des für den Projekterfolg nötigen Wissens aufgebaut werden. Dieses Modell kann auch für weitere Projekte im gleichen Problemraum weiterverwendet werden. Die Ergebnisse *sollen* in die *Anforderungsspezifikation* einfließen.

tT4   Erstellen der Anforderungsspezifikation

In der *Anforderungsspezifikation müssen* die Leistungen des *Produkts* unter den vorgesehenen Einsatzbedingungen verbindlich festgelegt werden. In diesem Dokument werden die Ergebnisse der vorangehenden Tätigkeiten systematisch zusammengefaßt: Zielsetzungen, produkt- und projektbezogene Anforderungen und ggf. das Modell der *Domäne.*

Die Anforderungsspezifikation *muß* reviewt werden. Erst nach ihrem Vorliegen kann der Projektaufwand mit hinreichender Genauigkeit für verbindliche Aussagen ermittelt werden.

tT5   Erstellen der Lösungsstudie

Sind im Zuge der Anforderungsbehandlung Lösungsalternativen oder überhaupt die Lösbarkeit zu untersuchen, so *muß* als Ergebnis auch eine *Lösungsstudie* erstellt werden. Das Erstellen einer Lösungsstudie kann technische Gründe haben oder auch durch den Wunsch des Auftraggebers veranlaßt sein. Falls eine Lösungsstudie erstellt wird, dann *muß* sie anschließend reviewt werden.

Bei der Untersuchung der Lösbarkeit geht es darum, das „prinzipielle Funktionieren" eines vorgeschlagenen Ansatzes zu argumentieren und ggf. zu demonstrieren. Dies stellt bereits einen notwendigen Vorgriff auf die Phase Entwurf bzw. beim Erstellen experimenteller Prototypen auf die Phase Realisierung dar.

Beim Erstellen der Lösungsstudie ergeben sich wichtige Anknüpfungspunkte zum Thema Wiederverwendung (Prüfung auf Möglichkeit der Wiederverwendung und Anpassung bereits realisierter Lösungen, Wiederverwendung von Erfahrungen beim Einsatz bestimmter Technologien, ...).

tT6   Abstimmen der Anforderungsspezifikation mit Auftraggeber

Die *Anforderungsspezifikation* bildet die technische Grundlage für die Projektabwicklung und die Produktabnahme. Daher *muß* angestrebt werden, sie mit dem *Auftraggeber* abzustimmen und von ihm bestätigen zu lassen. Falls der Auftraggeber dazu nicht bereit ist, *muß* die weitere Vorgangsweise im *Geschäftsprozeß* (außerhalb des Entwicklungsgeschehens) festgelegt werden.

Falls sich im Zuge der Aufwandsabschätzungen beim Erarbeiten der Anforderungen oder anhand der vorliegenden Anforderungsspezifikation Diskrepanzen zu Budget- und Terminvorgaben ergeben, so wird in Abstimmung mit dem Auftraggeber ein Abgleich der Vorgaben nötig: Umplanung, Parallelisierung von Tätigkeiten, Erarbeiten von Ausbaustufenkonzepten, Reduzieren des Funktionsumfangs etc. (siehe Kapitel 6.4).

tT7   WV-Planung

Zu den Themenbereichen

* *Wiederverwendung* und

* *Wiederverwendbarkeit*

muß die Vorgehensweise festgelegt werden. Die Ausgangsbasis für den entstehenden WV-Plan liefern die Anforderungen und die vorläufige Projektplanung; die WV-Festlegungen wirken wieder zurück auf die *Anforderungsspezifikation* und die weitere Projektplanung.

Falls dieses Thema eine untergeordnete oder keine Rolle spielen sollte, muß kein eigenes Dokument erstellt werden; das Thema kann z.B. knapp im QS-Plan abgehandelt werden: Muß-Bestimmungen beziehen sich ja lediglich auf den Zwang, sich mit einem bestimmten Thema zu beschäftigen und die Ergebnisse zu dokumentieren und nicht darauf, unbedingt ein eigenes Dokument zu erstellen (siehe Kapitel 7.1).

pT1 Projektplanung

Die Projektplanung wird auf Basis der Vorgaben bezüglich Funktion und Qualität (Anforderungsspezifikation) sowie der Rahmenbedingungen hinsichtlich Termin, Kosten und verfügbaren Ressourcen durchgeführt. Sie *muß* folgende Themen umfassen:

- Lieferkomponenten (Produkt): Was wird ausgeliefert?
- weitere Ergebnisse: Welche Ergebnisse müssen zusätzlich entstehen?
- durchzuführende Arbeiten,
- Verantwortungsbereiche/Projektorganisation,
- Aufwände/Kosten,
- Personaleinsatz/Betriebsmitteleinsatz,
- Termine/Meilensteine,
- Risikoanalyse und -management (Schwerpunkt projektinterne Risiken),
- Projektcontrolling.

Der Projektplan *muß* phasenweise – wenn nötig – überarbeitet und ergänzt werden (Änderung der Anforderungen, Umplanungen etc.). Nach der Ersterstellung *muß* der Projektplan reviewt werden.

 Eine anschauliche Beschreibung der Projektplanung findet sich in Kapitel 6.4.1.

Aufwandsschätzung Nach Vorliegen der abgestimmten Anforderungsspezifikation *soll* (nochmals) eine detaillierte Aufwandsabschätzung durchgeführt werden (vorzugsweise nach der Function-Point-Methode).

pT2 CM-Planung

Das *Configuration Management* dient dazu, die Verwaltung der benötigten und entstehenden Komponenten im Ablauf eines Projekts zu regeln. Diese Regelungen sowie deren Realisierung in einem *CM-System müssen* erarbeitet und im *CM-Plan* dokumentiert werden.

pT3 Einrichten des CM-Systems

Das *CM-System soll* auf Basis aller benötigten Komponenten aus der Projektplanung sowie der Anforderungen an die Projektabwicklung von entsprechenden Fachleuten bereits in dieser Phase eingerichtet werden. Minimal *muß* in der Phase Definition die Dokumentenverwaltung und ein Verfahren zum Einbringen von Änderungen eingerichtet werden.

Beim Einrichten des CM-Systems für das Projekt *müssen* hinsichtlich Datenschutz und Datensicherung allfällige Richtlinien zur Informationssicherheit beachtet werden. Durch ein funktionierendes Minimal-CM wird die Forderung der Norm EN ISO 9001 nach Lenkung der Dokumente erfüllt.

qT1 QS-Planung

In diesem Planungsschritt *müssen* QS-bezogene Festlegungen getroffen und Einrichtungen der QS geplant werden. Der *Qualitätssicherungsplan* (QS-Plan) führt den *Grob-QS-Plan* fort; er *muß* in seiner ersten Fassung mindestens jene Festlegungen enthalten, die für die Durchführung der nächsten Phase erforderlich sind. Dies sind im allgemeinen:

- Festlegung der SEM-Ausprägung,
- Vorgesehenes Phasenablaufmodell,
- Vorgesehene Entwurfstechniken/Entwurfswerkzeuge,
- Vorgesehene Qualitätssicherungsmaßnahmen,
- Eventuelle Abweichungen von vorgesehenen Regelungen (z.B. Begründung bei Nicht-Durchführen von Soll-Bestimmungen).

Nach der Ersterstellung *muß* der QS-Plan reviewt werden. Der QS-Plan *soll* phasenweise überarbeitet und ergänzt werden, *kann* aber auch wenn möglich einmal für mehrere oder alle Phasen erstellt und gültig gesetzt werden.

Auch wenn Phasenablaufmodell, Entwurfstechnik und Werkzeuge durch den Projektauftrag vorgegeben sind, *müssen* diese Festlegungen im QS-Plan dokumentiert werden. Da die im QS-Plan für das Projekt vorgesehene Entwurfs- und Entwicklungstechnik Auswirkungen auf die Durchführung des gesamten Projekts hat (z.B. strukturierte oder objektorientierte Techniken), ist schon allein deshalb ein Review des Plans zur Absicherung dieser wichtigen Entscheidungen unbedingt erforderlich.

7.4.7   **Ergebnisse**

tE1   Anforderungsspezifikation

In jedem Projekt *muß* in dieser Phase eine *Anforderungsspezifikation* erstellt werden (es ist auch die Aufteilung in mehrere Dokumente möglich).

Der Inhalt einer Anforderungsspezifikation nach SEM ist in Kapitel 8.2 beschrieben.

Eine besondere Form einer Anforderungsspezifikation stellt der technische Teil eines im Zuge einer Ausschreibung gefordertes Angebots dar. Die in der Norm EN ISO 9001 geforderte Vertragsüberprüfung ist durchzuführen (Festlegung der Anforderungen und Fähigkeit zur Erfüllung der Anforderungen). Führt dieses Angebot zum Projektzuschlag, ist im allgemeinen aus der Ausschreibung und dem Angebot noch eine detailliertere Anforderungsspezifikation abzuleiten. Es existieren in diesem Fall also zwei aufeinander abgestimmte Anforderungsspezifikationen.

tE2   Lösungsstudie

In der *Lösungsstudie müssen* Lösungsalternativen oder überhaupt die Lösbarkeit dargestellt werden. Falls diese Themen keine Rolle spielen, kann die Lösungsstudie entfallen.

Der Inhalt einer Lösungsstudie nach SEM ist in Kapitel 8.8 beschrieben.

tE3   WV-Plan

Im *WV-Plan muß* die geplante Vorgangsweise bezüglich *Wiederverwendung* und *Wiederverwendbarkeit* niedergeschrieben werden.

Der Inhalt eines WV-Plans nach SEM ist in Kapitel 8.15 beschrieben.

pE1   Projektplan

Der *Projektplan muß* alle für die Festlegung des Ablaufs des geplanten Projekts erforderlichen Daten enthalten (Ergebnisse, Tätigkeiten, Aufwände, Personalzuordnung, Einsatzmittel, Termine, Projektorganisation, Kosten, Risikomanagement etc.).

Der Inhalt eines Projektplans nach SEM ist in Kapitel 8.12 beschrieben.

pE2   CM-Plan

Im *CM-Plan muß* die Verwaltung der benötigten und entstehenden Einheiten im Ablauf des Projekts geregelt werden.

Der Inhalt eines CM-Plans nach SEM ist in Kapitel 8.4 beschrieben.

pE3   CM-System

Als Ergebnis der Phase *soll* ein vollständiges *CM-System* eingerichtet sein, das allen Aufgaben zur geordneten Verwaltung der im Projekt anfallenden bzw. benötigten Einheiten entspricht (vgl. Kapitel 6.5.1).

Minimal *muß* jedoch die Dokumentenverwaltung sowie die Behandlung von Änderungen in den verwalteten Einheiten eingerichtet sein.

qE1   QS-Plan

Der *QS-Plan muß* alle für den Aufbau und den Betrieb eines projektspezifischen QS-Systems erforderlichen Daten enthalten (oder auf jeweils spezielle Pläne verweisen).

Der Inhalt eines QS-Plans nach SEM ist in Kapitel 8.13 beschrieben.

7.4.8   Abhängigkeiten der Tätigkeiten und Ergebnisse von der Phasenablauforganisation

Spätestens in der Phase Definition *muß* die *Phasenablauforganisation* festgelegt und im *QS-Plan* dokumentiert werden. Zusätzlich gilt es folgendes zu berücksichtigen:

Spiralmodell

Zielausrichtung und Risikoanalyse

Beim Spiralmodell *muß* in jedem Zyklus der Spirale eine Zielausrichtung und *Risikoanalyse* vorgenommen werden. In den Phasen Definition, Entwurf und Realisierung *muß* pro Phase mindestens ein Zyklus durchlaufen werden (siehe Kapitel 6.3).

Die Zielausrichtung und Risikoanalyse sind generell wichtige Ziele der Phase Definition, so daß inhaltlich zum Einstieg in den Zyklus „Definition" die bereits aus der Initiierungsphase vorliegenden und die hier geforderten Dokumente genügen (Projektplan, QS-Plan und Anforderungsspezifikation). Es *können* selbstverständlich separate Dokumente zur Zielausrichtung und Risikoanalyse erstellt werden. In der Phase Definition *können* Prototypen zur *Validierung* der Anforderungsspezifikation entwickelt werden.

Prototyping

Das Prototyping-Modell für die Entwicklung unterscheidet sich in der Phase Definition nicht wesentlich von den anderen Modellen: Eine *Anforderungsspezifikation muß* erstellt werden; Prototyping als Modell der Phasenablauforganisation bedeutet nicht „Ausprobieren ohne Anforderungsdokumente"!

Experimentelle
Prototypen

In der Phase Definition *können* experimentelle Prototypen im Rahmen der *Lösungsstudie* erstellt werden (dies ist allerdings gänzlich unabhängig vom Prototyping-Modell als Phasenablauforganisation zu sehen und auch bei den anderen Modellen möglich). Diese Prototypen *können* in der Phase Entwurf weiterentwickelt werden.

Evolutionsmodell

Die Inhalte von Dokumenten aus Vorgängerversionen *müssen* in der *Anforderungsspezifikation* berücksichtigt werden (dies betrifft nicht nur Vorgänger-Anforderungsspezifikationen, sondern auch Entwurfsdokumente). Dies ist unabhängig davon zu sehen, ob bei der aktuellen Version vollständige oder nur Delta-Dokumente erstellt werden.

Ausbaustufenmodell

Die Trennung in verschiedene Teilaufgaben, die ja endgültig erst in der Phase Entwurf erfolgt (und vollständig erst dort erfolgen kann) *soll* ihren Niederschlag bereits bei der Projektplanung finden: Die Rahmenbedingungen der Ausbaustufen müssen abgesteckt werden; die Projektplanung kann in der Phase Definition nicht so detailliert erfolgen wie bei anderen Phasenablauforganisationen (dies muß erst in der Phase Entwurf für die einzelnen Teilaufgaben erfolgen).

Wenn eine klare funktionale Aufteilung hinsichtlich der Ausbaustufen schon in der Phase Definition möglich ist, so ist es bereits jetzt sinnvoll, gemeinsam mit dem Auftraggeber festzulegen, in welchen Paketen er die Gesamt-Leistung erhält. Teilaufgaben, die erst später realisiert werden, *müssen* zwar ihren wesentlichen Inhalten nach (Funktion und Daten) bereits jetzt, *können* jedoch im Detail (z.B. Oberflächen-Layout) auch später definiert werden.

7.4.9 Meilensteine

T2 Anforderungen definiert, überprüft, mit Auftraggeber abgestimmt

Der Meilenstein ist erreicht, wenn die reviewte *Anforderungsspezifikation* mit dem *Auftraggeber* abgestimmt wurde und der *WV-Plan* vorliegt (ggf. auch die *Lösungsstudie* vorliegt).

Änderungen von
Anforderungen

Änderungen der Anforderungen *müssen* nach Erreichen dieses Meilensteins auf dem formalen Wege des im *Configuration Management* festgelegten Verfahrens zum Einbringen von Änderungen behandelt werden (Meldeweg, Entscheidungsfindung, Versionsplanung, ...). Änderungen der Anforderungen führen immer zu einer Neuermittlung des Aufwands.

P2 Projektplan erstellt und überprüft

Der Meilenstein ist erreicht, wenn der reviewte *Projektplan* und der *CM-Plan* vorliegen sowie das *CM-System* eingerichtet wurde.

Q2 QS-Plan erstellt und überprüft

Der Meilenstein ist erreicht, wenn der reviewte *QS-Plan* vorliegt.

7.5 Phase Entwurf

Bild 31:
Einbettung der
Phase Entwurf

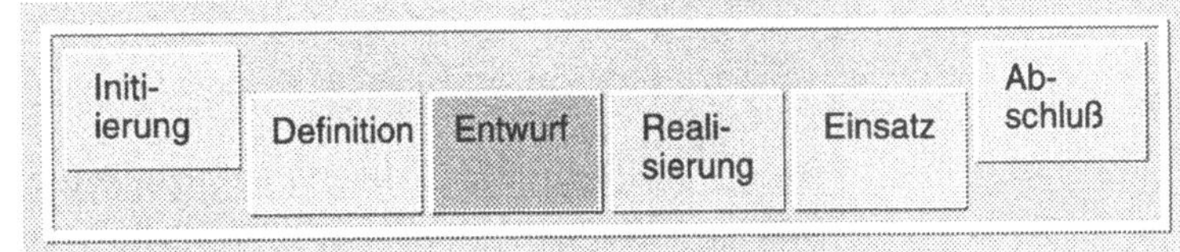

7.5.1 Überblick

Bild 32:
Überblick zur
Phase Entwurf

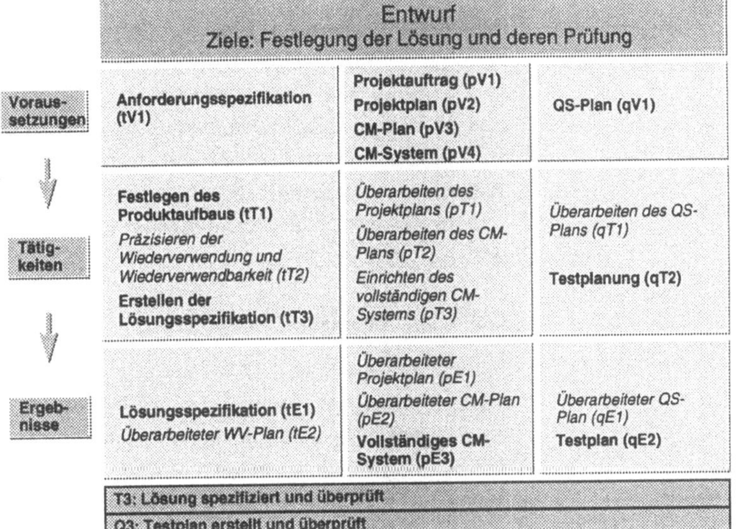

7.5.2 Allgemeines

Diese Phase dient der Festlegung der Lösung für die in der zugehörigen *Anforderungsspezifikation* festgelegten Anforderungen. Auch wenn keine *Lösungsspezifikation* erstellt werden muß, weil diese schon vorgegeben ist, *muß* in dieser Phase der *Testplan* erstellt werden.

Verfügbare
oder käufliche
Komponenten

Ob eine Lösung durch Einsatz verfügbarer oder käuflicher Komponenten erfolgen soll, *soll* möglichst zu Beginn der Phase Entwurf entschieden werden, eventuell in einer eigenen Teilphase (sofern diese Lösungsart betrachtet werden soll). In der weiteren Folge *muß* dann in der Phase Entwurf bereits eine Auswahl in Frage kommender bzw. zu kaufender Produktkomponenten getroffen bzw. gegebenenfalls auch eine erste *Validierung* vorgenommen werden.

7.5.3 Phasenziele

Z1 Festlegung der Lösung

Am Ende dieser Phase *muß* die Lösung für das angestrebte Projektziel *(Produkt)* hinreichend genau festgelegt sein. Während in der Phase Definition festgelegt wird, *was* als Produkt entstehen soll, wird in der Phase Entwurf festgelegt, *wie* dieses Produkt entstehen soll.

Die Festlegung des Produktentwurfs erfolgt normalerweise in Entwurfsdokumenten *(Lösungsspezifikationen)*. Bei Anwendung des Prototyping-Modells (als Phasenablauforganisation) fehlen in der Regel solche Dokumente vorerst. In diesem Fall finden sich bereits in der Anforderungsspezifikation entsprechende Struktur- und Gestaltungsanforderungen, im wesentlichen repräsentiert aber der entstehende Prototyp selbst den Entwurf des Produkts (eine Lösungsspezifikation muß erst zum Ende der Phase Realisierung vorliegen).

Z2 Festlegung der Produktprüfung

Aufbauend auf der *Anforderungsspezifikation* sowie den Entwurfsfestlegungen *müssen* in dieser Phase alle Maßnahmen zur Produktprüfung *(Validierung, Verifizierung)* festgelegt werden. Die Produktprüfung *muß* in einem *Testplan* dokumentiert werden.

Die Begriffe Validierung und Verifizierung sind im Sinne der Definition nach IEEE verwendet: Validierung prüft, ob die *richtige* (passende) *Lösung vorliegt*, Verifizierung prüft, ob die *vorliegende Lösung richtig* ist (so wie spezifiziert). Eine Verifizierung ist daher nur möglich, wenn gegen exakte Vorgaben geprüft werden kann, eine Validierung hingegen muß auch implizite Vorgaben berücksichtigen.

7.5.4 Teilphasen

Die Phase Entwurf *soll* abhängig von der SEM-Ausprägung und von Art und Größe des Projekts in Teilphasen zerlegt werden.

Mögliche Teilphasenaufteilungen

Beispiele für mögliche Teilphasenaufteilungen sind:

- Grob-Entwurf und Detailentwurf oder

- Abstrakter Entwurf und Konkreter Entwurf oder

- Logischer Entwurf und Physikalischer Entwurf.

Die Zerlegung in mögliche Teilphasen ist in den *SEM-Ausprä-gungen* festgelegt. Die Wahl einer konkreten Auslegung der Teilphasen im Sinne obiger Vorschläge bleibt dem einzelnen Projekt in Anwendung der jeweiligen Ausprägung vorbehalten. Sie *muß* im QS-Plan dokumentiert sein.

7.5.5 Voraussetzungen

Für die Phase Entwurf *müssen* folgende generelle Voraussetzun-gen vorliegen.

tV1 Anforderungsspezifikation

Bei Beginn der Phase Entwurf *muß* eine *Anforderungsspezifika-tion* als Basisdokument für die Entwicklung und Abnahme des *Produkts* vorliegen (üblicherweise in der Phase Definition er-stellt). Falls die Anforderungsspezifikation nicht mit dem *Auf-traggeber* abgestimmt werden konnte, *muß* aus dem *Geschäfts-prozeß* heraus eine Bestätigung zur Fortführung der Arbeiten erfolgt sein (siehe pV1).

pV1 Projektauftrag

Um mit der Phase Entwurf beginnen zu können, *muß* ein Pro-jektauftrag vorliegen, der mindestens diese Phase umfaßt.

pV2 Projektplan

Bei Beginn der Phase Entwurf *muß* ein *Projektplan* vorliegen, der mindestens alle Festlegungen für die Durchführung der Pha-se Entwurf enthält.

pV3 CM-Plan

Bei Beginn der Phase Entwurf *muß* ein *CM-Plan* vorliegen, der mindestens alle Festlegungen für die Durchführung der Phase Entwurf enthält.

pV4 CM-System

Zu Beginn der Phase Entwurf *muß* das *CM-System* mindestens so weit eingerichtet sein, daß die Dokumentenverwaltung und die Verwaltung aller in dieser Phase entstehenden Einheiten (z.B.

CASE-Tool-Diagramme, Sourcen eines Prototyps etc.) sowie die Behandlung von Änderungen in den verwalteten Einheiten durchgeführt werden können.

qV1 QS-Plan

Zu Beginn der Phase Entwurf *muß* ein *Qualitätssicherungsplan (QS-Plan)* vorliegen, der mindestens alle Festlegungen für die Durchführung der Phase Entwurf enthält.

7.5.6 Tätigkeiten

tT1 Festlegen des Produktaufbaus

In Übereinstimmung mit der Art des angestrebten *Produkts muß* der Aufbau hinreichend genau festgelegt werden. Die Festlegungen *müssen* umfassen:

- Auswahl und Ausprägung der Produktarchitektur,

- Aufteilung der Funktionalität auf Hardware, Software und Firmware,

- Aufteilung der Funktionalität auf zu kaufende, wiederverwendbare und zu entwickelnde Komplexe,

- Den Anforderungen (Funktionen, Szenarien) entsprechende Zustands- und Ablaufmodelle,

- Durch die Produktarchitektur entstehende produktinterne Schnittstellen.

Falls in der Anforderungsspezifikation die externen Schnittstellen noch nicht detailliert festgelegt wurden, *muß* dies spätestens jetzt erfolgen. Als externe Schnittstellen *müssen* sowohl *Benutzerschnittstellen* als auch *Systemschnittstellen* berücksichtigt werden (ggf. auch interne Schnittstellen zu ins System integrierter Fremdsoftware).

Daß die Benutzerschnittstellen in der Anforderungsspezifikation noch nicht explizit festgelegt wurden, kann zwei Gründe haben:

- Die Anforderungsspezifikation ist unfertig. In diesem Fall müssen die Benutzerschnittstellen im Zuge des Änderungsverfahrens eingebracht und mit dem Auftraggeber abgestimmt werden sowie eine erneute Aufwandsabschätzung vorgenommen werden.

- Die Anforderungsspezifikation nimmt bewußt Freiheiten in Kauf (etwa bei Prototyping als Phasenablauforganisation).

Hier ist keine weitere Abstimmung zur Vervollständigung der Anforderungsspezifikation nötig; die Abstimmung erfolgt dann allerdings anhand der (laufenden) Validierung des entstehenden Prototyps durch den Auftraggeber.

Lösungsspezifikation

Die Ergebnisse dieser Festlegungen *müssen* in der *Lösungsspezifikation* festgehalten werden. Zur Ausarbeitung der Festlegungen *sollen* entsprechende Methoden und Werkzeuge eingesetzt werden (bei Softwareentwicklung CASE-Methoden und CASE-Tools).

Eine genaue Abhandlung dieser wichtigen Tätigkeit ist in den jeweiligen *SEM-Ausprägungen* festzuhalten. Dabei *kann* es zu unterschiedlichsten Aufteilungen auf einzelne Detailtätigkeiten kommen, die auch von den gewählten Entwurfsmethoden abhängig sind: So ist z.B. bei objektorientiertem Entwurf ein wesentliches Element die Festlegung von Objektklassen.

tT2 Präzisieren der Wiederverwendung und Wiederverwendbarkeit

Falls das Thema Wiederverwendung/Wiederverwendbarkeit eine Rolle spielt, so *muß* im Zuge des Entwurfs eine in der Phase Definition beschlossene Wiederverwendung vorhandener Komplexe/Komponenten oder beschlossene Entwicklung wiederverwendbarer Komplexe/Komponenten präzisiert werden.

WV-Plan

Die Ergebnisse *müssen* sowohl im *WV-Plan* (Planung und Organisation) als auch in der *Lösungsspezifikation* (inhaltlich) festgehalten werden.

tT3 Erstellen der Lösungsspezifikation

Das Erstellen der *Lösungsspezifikation* dient dem Festlegen der Lösung (also der Antwort auf die Frage, wie das Produkt erstellt werden soll). Das Wort „Lösungsspezifikation" ist dabei als Überbegriff für alle Dokumente zu verstehen, die · diesem Ziel gewidmet sind. Üblicherweise können dabei mehrere Dokumente erstellt werden.

Zugekaufte Komponenten

Wenn als *Produkt* eine Lösung vorgesehen ist, die nicht nur aus zu entwickelnden Komponenten besteht, sondern auch zugekaufte Komponenten enthält, so *muß* dies in zumindest einer entsprechenden Spezifikation festgelegt werden. Wesentliche Inhalte einer derartigen Spezifikation sind:

- Begründung der Wahl der zugekauften Komponenten und Dokumentation der Evaluierungsergebnisse,

- Vorgesehene Einbindung der zugekauften in die zu entwikkelnden Komponenten,

- Schnittstellenanpassungen/Funktionsanpassungen.

☞ Derartige Lösungen gewinnen zunehmend an Bedeutung, auch im Zuge von Überlegungen hinsichtlich der Wirtschaftlichkeit bei der Produkterstellung (z.B. bei der Entwicklung im Halbleiterbereich oder beim Einsatz von SAP-Komponenten zur Ablösung betriebswirtschaftlicher Eigenentwicklungen).

Überlegungen bezüglich Wiederverwendung spielen beim Erstellen derartiger Spezifikationen eine wichtige Rolle (Wiederverwendung im weiteren Sinne betrifft ja nicht nur selbst entwikkelte Komponenten, sondern auch eventuell zugekaufte); beim Einsatz wiederverwendbarer Komponenten ist vorab die Lizenzfrage zu klären.

Entwurfsspezifikationen

Bei „klassischen" Entwicklungsprojekten *müssen* in jedem Fall für jene Teile des *Produkts*, die im Rahmen des Projekts entwikkelt werden sollen, *Entwurfsspezifikation(en)* erstellt werden. Der Zweck von Entwurfsspezifikation(en) ist, daß alle Entwurfsentscheidungen für die zu entwickelnden Produktteile verbindlich festgelegt sind. Die Entwurfsentscheidungen bzw. mögliche (verworfene) Alternativen dazu *sollen* in der Entwurfsspezifikation begründet werden, da Begründungen die Entscheidungen wesentlich besser nachvollziehbar machen.

Spezifikation bei Teilphasen

Sofern die Phase Entwurf in Teilphasen abgearbeitet wird, *muß* in jeder Teilphase eine Spezifikation erstellt werden (z.B. System- und Detailspezifikation; selbst im Falle, daß nur *eine* Spezifikation entsteht, *müssen* die generellen Entwurfsentscheidungen von den detaillierten Entwurfsfestlegungen deutlich getrennt dargestellt werden).

Einsatzvorbereitungsmaßnahmen

Sind im Rahmen des Projekts Einsatzvorbereitungsmaßnahmen gefordert, dann *muß* dies in der Lösungsspezifikation berücksichtigt werden (z.B. Datenmigration, Verfahrensmigration).

Überprüfung gegen Anforderungsspezifikation

Sämtliche Ergebnisdokumente, die im Zuge der Lösungsspezifikation erstellt werden, *müssen* reviewt werden. Die gesamte *Lösungsspezifikation muß* unter Einbeziehung aller entstandenen Teildokumente überprüft werden, um die Übereinstimmung des festgelegten Entwurfs mit den Forderungen in der *Anforderungsspezifikation* zu überprüfen.

☞ Systemspezifikationen *sollen* vor dem Beginn der Arbeit an Detailspezifikationen reviewt werden, damit allfällige Änderungen in den Detailspezifikationen berücksichtigt werden können. Bei umfangreichen Produktentwicklungen *können* in einer Detailentwurfsphase auch mehrere Detailspezifikationen entstehen.

Beim Einsatz formaler Entwurfstechniken unter Verwendung entsprechender Werkzeuge können Entwurfsspezifikationen entstehen, die auf generativem Wege direkt zu Produktteilen weiterverarbeitet werden können.

pT1 Überarbeiten des Projektplans

Wenn noch eine Feinplanung erfolgen muß oder Entscheidungen der Phase Entwurf den weiteren Projektverlauf verändern, *muß* der *Projektplan* auf Basis der erstellten Entwurfsdokumente und des bisherigen Projektverlaufs überarbeitet werden.

Bei umfangreichen Produktentwicklungen ist es wichtig, die Durchführung der Realisierungsphase genau vorauszuplanen, die dann meist in Teilphasen aufgegliedert wird. Ein wichtiger Aspekt dabei ist das Vorausplanen der Produktintegration.

pT2 Überarbeiten des CM-Plans

Sofern nicht bereits in der Phase Definition ein vollständiges CM-System geplant wurde, *muß* der *CM-Plan* entsprechend überarbeitet und erweitert werden.

pT3 Einrichten des vollständigen CM-Systems

Sofern nicht bereits in der Phase Definition das *CM-System* vollständig eingerichtet wurde, *muß* dies anhand des überarbeiteten CM-Plans in der Phase Entwurf erfolgen. Beim Planen und Einrichten des CM-Systems für das Projekt *müssen* hinsichtlich Datenschutz und Datensicherung allfällige Richtlinien zur Informationssicherheit beachtet werden.

qT1 Überarbeiten des QS-Plans

Der *QS-Plan muß* überarbeitet werden, wenn im Zuge des Entwurfs neue Entscheidungen getroffen wurden, die zu dokumentieren sind (z.B. einzusetzende Methoden und Werkzeuge, Aussagen über Betriebskennwerte, ...).

Alle Maßnahmen zur Lösungsprüfung *(Validierung, Verifizierung) müssen* geplant und dokumentiert werden. Die Lösungs- oder Produktprüfung wird auf Basis der Festlegungen in der Anforderungsspezifikation und Lösungsspezifikation spezifiziert. Üblicherweise werden *Testpläne* für ein mehrstufiges Testvorgehen erstellt (z.B. Komponententest, Integrationstest, Systemtest, Abnahmetest); es entstehen dabei häufig auch mehrere Dokumente. Es ist jedenfalls nötig, bereits in der Phase Entwurf die Maßnahmen für Tests explizit festzulegen. Die eigentlichen Testfälle und Testdaten *können* u.U. erst in der Realisierungsphase festgelegt und erstellt werden.

Maßnahmen zur Überprüfung

Auch für Projekte, bei denen nicht vom Testen im engeren Sinne gesprochen werden kann (z.B. Orgwareentwicklung), *muß* ein Plan erstellt werden, in dem die Maßnahmen zur Prüfung des entstehenden Produkts festgelegt werden. Der Testplan *muß* einem *Review* unterzogen werden.

☞ Das Erstellen von Detailpapieren hinsichtlich der Testdurchführung (z.B. Testfälle) hat oft den Nebeneffekt, eine Art zusätzliches Review der Entwurfsspezifikationen zu beinhalten. Dies ist in dieser Hinsicht besonders effizient, wenn die Detailpapiere von einem Team erstellt werden, das nicht mit dem Entwurf und der Realisierung befaßt ist (beim Review ist die Entwicklungsmannschaft einzubeziehen); ähnliches gilt auch für die Testdurchführung in der Phase Realisierung.

7.5.7   Ergebnisse

In der *Lösungsspezifikation* mit ihren Teildokumenten *müssen* alle Lösungsentscheidungen zur Gestaltung der angestrebten Anwendung verbindlich festgelegt sein. Wenn im Projekt Entwicklungstätigkeiten durchgeführt werden, dann *muß* im Rahmen der Lösungsspezifikation eine *Entwurfsspezifikation* erstellt worden sein.

☞ Die wesentlichen Inhalte einer Lösungsspezifikation nach SEM sind in Kapitel 8.7 beschrieben. Der Aufbau der speziellen Teildokumente ist den einzelnen *SEM-Ausprägungen* zu entnehmen.

tE2 Überarbeiteter WV-Plan

Falls das Thema *Wiederverwendung/Wiederverwendbarkeit* im Projekt eine Rolle spielt, *muß* der *WV-Plan* in der Phase Entwurf um die präzisierten WV-Entscheidungen ergänzt worden sein.

pE1 Überarbeiteter Projektplan

Spätestens zu Ende der Phase Entwurf *muß* der *Projektplan* an ggf. veränderte Anforderungen angepaßt worden sein und mindestens für die Phase Realisierung detailliert und aktuell vorliegen.

pE2 Überarbeiteter CM-Plan

Spätestens zu Ende der Phase Entwurf *muß* der *CM-Plan* so weit überarbeitet sein, daß das vollständige CM-System beschrieben ist.

pE3 Vollständiges CM-System

Spätestens zu Ende der Phase Entwurf *muß* ein vollständiges *CM-System* eingerichtet sein, das allen Aufgaben zur geordneten Verwaltung der im Projekt anfallenden bzw. benötigten Einheiten entspricht (vgl. Kapitel 6.5).

qE1 Überarbeiteter QS-Plan

Spätestens zu Ende der Phase Entwurf *muß* der *QS-Plan* an ggf. veranderte Anforderungen angepaßt worden sein und mindestens für die Phase Realisierung detailliert und aktuell vorliegen.

qE2 Testplan

Alle für die *Validierung/Verifizierung* der spezifizierten Lösung im Zuge von Überprüfungen am *Produkt* oder an Produktteilen vorgesehenen Testmaßnahmen *müssen* in einem *Testplan* festgehalten werden.

Der Inhalt eines Testplans nach SEM ist in Kapitel 8.14 beschrieben.

7.5.8 Abhängigkeiten der Tätigkeiten und Ergebnisse von der Phasenablauforganisation

In der Phase Entwurf ergeben sich aus der Wahl der *Phasenablauforganisation* folgende Konsequenzen (siehe auch Kapitel 6.3):

Spiralmodell

Beim Spiralmodell *muß* in jedem Zyklus der Spirale eine Zielausrichtung und *Risikoanalyse* vorgenommen werden. Je Phase *muß* mindestens ein Zyklus durchlaufen werden. Daher *müssen* in der Phase Entwurf Überlegungen zur Zielausrichtung und Risikoanalyse angestellt und dokumentiert werden; es *können Prototypen* zur *Validierung* der Entwurfsdokumente erstellt werden.

Prototyping

Beim Prototyping-Modell für die Entwicklung verschmelzen meist die Phasen Entwurf und Realisierung. Entwurfsentscheidungen und -änderungen werden in der Regel oftmals durchlaufen: Es entfällt daher die Pflicht, bereits für die Phase Entwurf eine *Lösungsspezifikation* zu verfassen, da sie durch die entstehenden Prototypen vorerst ersetzt wird; dafür *soll* laufend eine Validierung der Prototypen vorgenommen werden. Die dabei getroffenen Design-Entscheidungen und deren Begründung *sollen* laufend protokolliert werden und in die Lösungsspezifikation einfließen. Die Lösungsspezifikation *muß* erst zu Ende der Phase Realisierung vorliegen und *soll* aus der Prototyping-Entwicklungsumgebung heraus toolgestützt erstellt werden können.

Testplan bei Prototyping

Dies hat auch Auswirkungen auf den *Testplan*. Ein vollständiger Testplan kann sinnvollerweise erst dann erstellt werden, wenn der Entwurf des Systems bereits relativ stabil ist. Die zentrale Rolle bei Prototyping spielt der Systemtestplan, mit dessen Hilfe gegen die Anforderungsspezifikation getestet wird (er *muß* vor Beginn des Systemtests erstellt und reviewt werden).

Meilensteine verschoben

Durch dieses Vorgehen bei Prototyping werden die *Meilensteine* T3 und Q3 um eine Phase in die Phase Realisierung verschoben.

Evolutionsmodell

Die Inhalte von Dokumenten aus Vorgängerversionen *müssen* in der Phase Entwurf in ähnlicher Weise wie in der Phase Definition berücksichtigt werden: Gerade beim *Review* der *Lösungsspezifikation* ist es unbedingt nötig, den Gesamtüberblick über das

System zu berücksichtigen und nicht nur die zu implementierende neue Version. Dies ist unabhängig davon zu sehen, ob bei der aktuellen Version vollständige oder nur Delta-Dokumente erstellt werden; allzuviele Delta-Dokumente erschweren allerdings den Gesamtüberblick: Daher *sollen* nicht zu viele Delta-Dokumente erstellt werden bzw. die Delta-Dokumente immer wieder in die Gesamtdokumentation eingearbeitet werden.

Ausbaustufenmodell

Am Beginn der Phase (bei Erstellung des Grob-Entwurfs) *muß* die Entscheidung zur Aufspaltung in Teilaufgaben getroffen werden. Dies hat offensichtlich auch Auswirkungen auf die Projekt- und QS-Planung, da die Teilaufgaben in Zukunft als Teilprojekte oder möglicherweise als eigene Projekte weitergeführt werden. Diese „Teilprojekte" sind als abgeschlossene Entwicklungseinheiten zu sehen, die zeitlich, personell oder örtlich verteilt abgewickelt werden können. Das Ergebnis jedes Teilprojekts kann separat in Einsatz gehen.

7.5.9 Meilensteine

T3   Lösung spezifiziert und überprüft

Der Meilenstein ist erreicht, wenn die reviewte *Lösungsspezifikation* mit ihren nötigen Teildokumenten vorliegt.

Q3   Testplan erstellt und überprüft

Der Meilenstein ist erreicht, wenn der reviewte *Testplan* vorliegt.

7.6 Phase Realisierung

Bild 33:
Einbettung der
Phase Realisierung

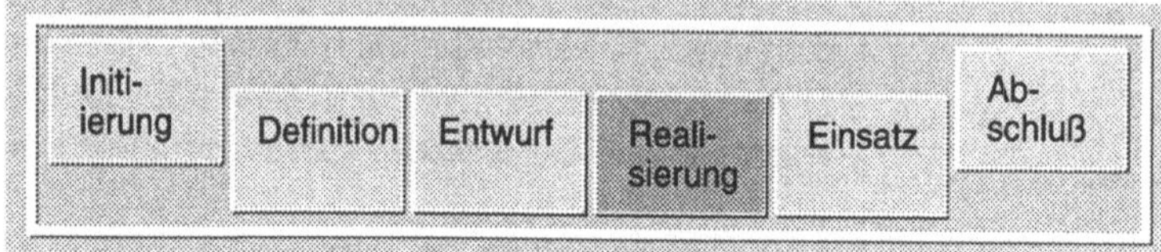

7.6.1 Überblick

Bild 34:
Überblick zur
Phase Realisierung

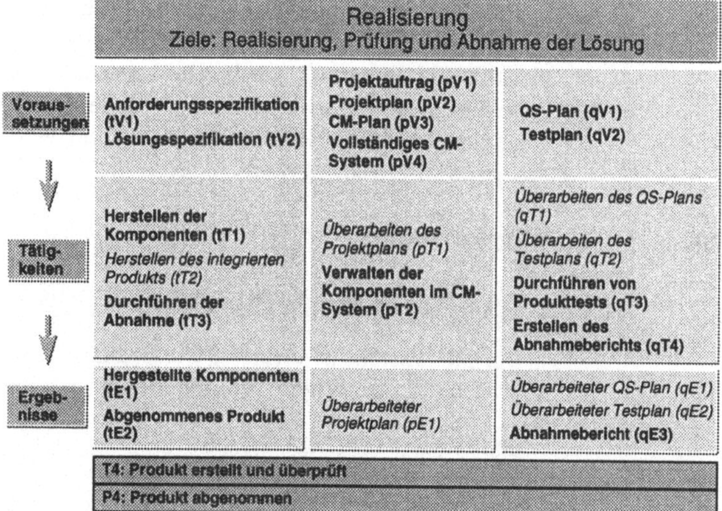

7.6.2 Allgemeines

Diese Phase dient der Herstellung der Lösung, wie sie in der *Lösungsspezifikation* festgelegt wurde, sowie der Bereitstellung des *Produkts* zum Einsatz. Folgende Spezialfälle sind zu unterscheiden:

- Wenn eine Lösung nur durch Einsatz verfügbarer oder käuflicher Komponenten erfolgt, werden diese in der vorliegenden Phase beschafft, evtl. angepaßt und parametriert, integriert und zur *Abnahme* bereitgestellt.

- Wenn eine Lösung durch *Prototyping* hergestellt wird, verschwimmt bezüglich der Lösungsherstellung die Grenze zwischen der Entwurfs- und der Realisierungsphase.

- Wenn eine Lösung durch generative Verfahren direkt aus einem formalen Entwurf abgeleitet werden kann, reduziert sich das Herstellen der Lösung auf geeignete Parametrierung und Anwendung von Generatoren.

7.6.3 Phasenziele

Z1 Realisierung der Lösung

In dieser Phase *muß* die Lösung für das angestrebte Projektziel *(Produkt)* hergestellt und für die in der *Anforderungsspezifikation* festgelegte Abnahme bereitgestellt werden.

Z2 Prüfung der Lösung

In dieser Phase *muß* die Lösung überprüft werden.

Z3 Abnahme der Lösung

In dieser Phase *muß* die Lösung dem *Auftraggeber* zur Abnahme übergeben werden (falls der Auftraggeber nicht bereit ist, die Lösung abzunehmen, so muß das weitere Vorgehen im *Geschäftsprozeß* geklärt werden).

Eine Lösung muß nicht unmittelbar nach der Abnahme tatsächlich in den Einsatz gehen.

7.6.4 Teilphasen

Die Realisierungsphase *soll* abhängig von Art und Größe des Projekts in Teilphasen zerlegt werden. Minimal *muß* bei Entwicklungsprojekten zwischen den Teilphasen

- Implementierung und
- Test

Mögliche Teilphasenaufteilungen

unterschieden werden. Beispiele für mögliche Teilphasenaufteilungen sind:

- Implementierung, Integration, Systemtest, Abnahme;
- Implementierung, Integration, Systemtest, Einsatzvorbereitung, Probebetrieb (Alpha-Site Tests), Abnahme zum Betrieb;
- Beschaffung, Anpassung, Systemtest, Verfahrensintegration, Einsatzvorbereitung.

 Bei Projekten, in denen beschaffte Produktteile oder Produkte zum Einsatz kommen, *soll* eine Unterscheidung in Teilphasen je nach Umfang und Anpassungsbedarf erfolgen.

 Die Zerlegung der Realisierungsphase in Teilphasen ist konkret in den SEM-Ausprägungen festgelegt. Abweichungen von der SEM-Ausprägung *müssen* im QS-Plan dokumentiert sein.

7.6.5 Voraussetzungen

Für die Realisierungsphase *müssen* folgende generelle Voraussetzungen zutreffen.

tV1 Anforderungsspezifikation

Wie für die Phase Entwurf ist die *Anforderungsspezifikation* auch eine wichtige Voraussetzung für die Phase Realisierung: Gegen sie wird ja die *Abnahme* durchgeführt.

tV2 Lösungsspezifikation

Bei Beginn der Realisierungsphase *muß* die *Lösungsspezifikation* mit ihren nötigen Teildokumenten vorliegen (sie stellt ja die technische Basis für die Realisierung der Lösung dar): bei Entwicklungsprojekten mindestens eine *Entwurfsspezifikation*, bei komplexen Produkten auch mehrere zusammengehörende Spezifikationen; bei Projekten, die käufliche Lösungen enthalten, mindestens eine Spezifikation, die den Weg bis zu deren Einsatz beschreibt.

Diese Dokumente *können* vorgegeben sein oder als Ergebnis der vorausgegangenen Phase Entwurf vorliegen. In jedem Fall *müssen* die Dokumente in reviewter Form vorliegen.

pV1 Projektauftrag

Um mit der Phase Realisierung beginnen zu können, *muß* ein Projektauftrag vorliegen, der mindestens diese Phase umfaßt.

pV2 Projektplan

Bei Beginn der Phase Realisierung *muß* ein *Projektplan* vorliegen, der mindestens alle Festlegungen für die Durchführung der Realisierungsphase enthält.

pV3 CM-Plan

Bei Beginn der Phase Realisierung *muß* ein *CM-Plan* vorliegen, der alle erforderlichen Festlegungen für die weitere Arbeit enthält.

pV4 Vollständiges CM-System

Bei Beginn der Phase Realisierung *muß* ein vollständig eingerichtetes *CM-System* vorliegen, das vorgegeben oder als Ergebnis der Phase Entwurf entstanden ist.

Sofern ein eingerichtetes CM-System vorgegeben ist, muß es minimal alle im Projekt anfallenden bzw. benötigten Einheiten verwalten können und ein Verfahren zur Behandlung von Änderungen beinhalten.

qV1 QS-Plan

Bei Beginn der Phase Realisierung *muß* ein *Qualitätssicherungsplan* vorliegen, der mindestens alle Festlegungen für die Durchführung der Realisierungsphase enthält.

qV2 Testplan

Bei Beginn der Realisierungsphase *muß* ein *Testplan* vorliegen, der alle Überprüfungsmaßnahmen enthält, die für die *Validierung/Verifizierung* der realisierten Lösung im Zuge von Überprüfungen am Produkt oder an Produktteilen vorgesehen sind.

7.6.6 Tätigkeiten

tT1 Herstellen der Komponenten

Alle erforderlichen Komponenten *müssen* gemäß den Festlegungen in den vorliegenden reviewten Spezifikationen hergestellt werden. Dies betrifft folgende Komponenten:

- Die *Lieferkomponenten* (d.h., alle auszuliefernden Komponenten, die in Summe das Produkt ergeben): entwickelte und/oder angepaßte Komponenten, Produktdokumentation und evtl. Einsatzvorbereitungsunterlagen im vereinbarten Umfang sowie sonstige auszuliefernde Komponenten.

- *Weitere Ergebnisse* (d.h., Komponenten, die nicht Bestandteil des Produkts sind): selbst erstellte Tools, projektinterne Dokumentation, Testdaten etc.

<table>
<tr><td>

Implementieren oder Anpassen/ Parametrieren

</td><td>

Das bedeutet bei zu entwickelnden Komponenten eine Implementierung (SW: Codierung) und bei gekauften Komponenten eine Anpassung/Parametrierung. Bei der Implementierung *müssen* vor allem die im Entwurf festgelegten externen Schnittstellen exakt hergestellt bzw. respektiert werden.

Implementierte Komponenten *sollen* reviewt werden; die dazu erforderliche Vorgangsweise *muß* im QS-Plan projektspezifisch festgelegt werden (ein Code-Review ist besonders wichtig bei ausgewählten kritischen Komponenten).

</td></tr>
<tr><td>

Konventionen

</td><td>

Die Codierung von Software *muß* den Konventionen folgen, die im QS-Plan projektspezifisch festgelegt wurden.

</td></tr>
</table>

Codierkonventionen *sollen* Regeln umfassen für

- die Gestaltung der Programme
  (z.B. Aufbau, Einrückungen),

- die Kommentierung der Programme
  (z.B. Header, Kommentarblöcke),

- die Benennung von Programmelementen
  (z.B. Module, Prozeduren, Makros, Dateien, Variable, Daten),

- die Verwendung von Quellsprachelementen
  (z.B. Schleifenarten, Datentypen, Ausnahmebehandlungen),

- Grenzwerte
  (z.B. Modulgröße, Kommentarblockgröße).

<table>
<tr><td>

Produktdokumentation und Einsatzvorbereitungsunterlagen

</td><td>

Produktdokumentation (Benutzerhandbücher und verwandte Dokumente) sowie Einsatzvorbereitungsunterlagen (z.B. Einsatzpläne, Betriebsdokumentation, Schulungsunterlagen etc.) sind – wenn die Erstellung im Auftrag vereinbart wurde – als *Lieferkomponenten* anzusehen, da sie ja ebenso wie das Produkt im engeren Sinne an den *Auftraggeber* ausgeliefert werden.

Produktdokumentation und Einsatzvorbereitungsunterlagen *müssen* reviewt werden.

</td></tr>
</table>

Der Inhalt eines Benutzerhandbuches nach SEM ist in Kapitel 8.3 beschrieben. Die Dokumentation *kann* in Form von Handbüchern, bei Software auch in Form integrierter Hilfetexte vorgesehen werden. Umfangreiche Einsatzvorbereitungen *sollen* in einer eigenen Teilphase vorgenommen werden (vor allem bei betriebswirtschaftlichen Lösungen zu erwägen).

tT2   Herstellen des integrierten Produkts

Falls die Integration der hergestellten Komponenten zu einem einsetzbaren *Produkt* Bestandteil des Projekts ist, so *muß* dies gemäß den diesbezüglichen Festlegungen im *QS-Plan* erfolgen. Der Integrationsprozeß *soll* über das CM-System steuerbar sein.

Bei umfangreichen Integrationsaufgaben *soll* zu Beginn der Realisierungsphase ein eigener Integrationsplan erstellt werden.

tT3   Durchführen der Abnahme

Das *Produkt muß* dem *Auftraggeber* gemäß den vereinbarten Regelungen zur *Abnahme* übergeben werden (bzw. in Zusammenarbeit mit dem Auftraggeber abgenommen werden); üblicherweise sind die Abnahmebedingungen in der *Anforderungsspezifikation* festgelegt.

Falls im Zusammenhang mit dem Durchführen der Abnahme Probleme auftreten (Produkt wird nicht oder nur vorbehaltlich abgenommen), dann *muß* die weitere Vorgangsweise im *Geschäftsprozeß* (außerhalb des Entwicklungsgeschehens) festgelegt werden.

Die Abnahme stellt eine Validierung der Anforderungen des Auftraggebers am fertiggestellten Produkt dar. Ein wesentlicher Bestandteil der Abnahme ist meist der Abnahmetest.

pT1   Überarbeiten des Projektplans

Der *Projektplan muß* auf seine Aktualität überprüft werden und – wenn nötig – auf Basis des hergestellten *Produkts* überarbeitet und bezüglich der weiteren Projektphasen ergänzt werden.

pT2   Verwalten der Komponenten im CM-System

Alle entstehenden Komponenten *müssen* während der gesamten Realisierungsphase laufend mit dem eingerichteten *CM-System* verwaltet werden.

Zur Unterstützung einer Produktpflege in der Einsatzphase *sollen* auch nach der Abnahme alle relevanten Testdaten im CM-System vorliegen.

qT1   Überarbeiten des QS-Plans

Der *QS-Plan muß* bei Bedarf überarbeitet und bezüglich der Einsatzphase ergänzt werden.

qT2   Überarbeiten des Testplans

Der *Testplan muß* bei Bedarf überarbeitet werden (insbesondere Detailerstellung der Testfälle und Vervollständigung der Testdaten).

qT3   Durchführen von Produkttests

Das bei der Realisierung entstehende Produkt *muß* den im vorliegenden *Testplan* zur *Verifizierung* und *Validierung* vorgesehenen Tests unterzogen werden (dies gilt auch für die Durchführung von Prüfungen bei Orgware und Hardware sinngemäß). Im Normalfall *sollen* unabhängig voneinander ·

- Komponententest,
- Integrationstest,
- Systemtest,
- Abnahmetest

durchgeführt werden. Minimal *muß* ein Systemtest erfolgen. Die Durchführung von Tests *muß* dokumentiert werden; die Testdokumentation dient als *Q-Aufzeichnung* zum Nachweis der Testdurchführung.

Usability-Tests

Zur Unterstützung der Validierung der „*Usability*" des Produkts *können* Verfahren zum Testen der Anwendbarkeit/Benutzerfreundlichkeit mit entsprechenden Berichten vorgesehen werden (dieses Vorgehen ist für die Validierung von Prototypen besonders empfehlenswert).

Wenn Komponententests wegen nicht vorhandener Testumgebungen nicht einzeln durchgeführt werden können, *sollen* diese Komponententests im Rahmen der Integration durchgeführt werden. Wenn es sich beim Produkt um eine entwickelte Organisations-Lösung handelt, *kann* ein Systemtest in Form eines Feldtests erfolgen.

qT4   Erstellen des Abnahmeberichts

Als Dokumentation der erfolgten Abnahme *muß* ein zwischen Auftraggeber und Auftragnehmer abgestimmter Abnahmebericht erstellt werden. Falls es dazu nicht kommt, weil zwischen Auftraggeber und Auftragnehmer keine Einigung erzielt werden konnte, dann *muß* die weitere Vorgangsweise im Geschäftsprozeß (außerhalb des Entwicklungsgeschehens) festgelegt werden.

7.6.7   Ergebnisse

tE1   Hergestellte Komponenten

Als Ergebnis einer Implementierung neuer oder einer Anpassung vorhandener oder gekaufter Produktteile *müssen* die Projektergebnisse entstanden sein: also sowohl die *Lieferkomponenten*, (wenn im Auftrag gefordert, muß das *Produkt* in integrierter Form vorliegen) als auch die *weiteren Ergebnisse*, die nicht an den Kunden ausgeliefert werden.

tE2   Abgenommenes Produkt

Spätestens am Ende der Realisierungsphase *muß* das gegen die Anforderungsspezifikation gemäß der festgelegten Abnahmebedingungen abgenommene *Produkt* vorliegen (dies betrifft sämtliche *Lieferkomponenten* des Produkts im beauftragten Umfang – Hardware, Software, Orgware, Einsatzvorbereitungsunterlagen, Benutzerdokumentation etc.).

Ein Produkt liegt in der Regel in einsetzbarer Form, aber auch in Form von Produktionselementen vor (Sourcen, Daten). Alle diese Elemente *müssen* im CM-System gehalten werden.

pE1   Überarbeiteter Projektplan

Der *Projektplan muß* am Ende der Phase Realisierung ggf. soweit überarbeitet worden sein, daß er zumindest die Durchführung der Phase Einsatz regelt (Überarbeitung z.B. hinsichtlich Regressionstests).

qE1   Überarbeiteter QS-Plan

Der *QS-Plan muß* am Ende der Phase Realisierung ggf. soweit überarbeitet sein, daß er zumindest die QS-bezogenen Tätigkeiten der Phase Einsatz regelt.

qE2 Überarbeiteter Testplan

Der *Testplan muß* in der Phase Realisierung ggf. soweit ergänzt worden sein, daß er die Durchführung der Tests ausreichend regelt.

qE3 Abnahmebericht

Die *Abnahme* des Produkts *muß* in einem Abnahmebericht festgehalten werden.

7.6.8 Abhängigkeiten der Tätigkeiten und Ergebnisse von der Phasenablauforganisation

In der Phase Realisierung ergeben sich aus der Wahl der *Phasenablauforganisation* folgende Konsequenzen (siehe Kapitel 6.3):

Spiralmodell

Zielausrichtung und Risikoanalyse

Beim Spiralmodell *muß* in jedem Zyklus der Spirale eine Zielausrichtung und *Risikoanalyse* vorgenommen werden. Je Phase *muß* mindestens ein Zyklus durchlaufen werden. Daher *müssen* in der Phase Realisierung Überlegungen zur Zielausrichtung und Risikoanalyse angestellt und dokumentiert werden; es *können Prototypen* zur *Validierung* der Lösungsspezifikation erstellt werden.

Prototyping

Verschmelzen von Entwurf und Realisierung

Beim Prototyping-Modell für die Entwicklung verschmelzen meist die Phasen Entwurf und Realisierung. Entwurfsentscheidungen und -änderungen werden in der Regel oftmals durchlaufen. Die Tätigkeiten in der Phase Realisierung unterscheiden sich bei Prototyping von den Tätigkeiten nach dem Wasserfallmodell, die Ergebnisse allerdings *müssen* am Ende der Phase Realisierung in gleicher Weise vorliegen. *Testplan* und *Lösungsspezifikation müssen* beim Prototyping-Modell erst in der Phase Realisierung vorliegen (siehe Kapitel 0). Die Entwicklung eines Prototypen wird mit dem *Systemtest* gemäß Testplan abgeschlossen.

Evolutionsmodell

In der Phase Realisierung *sollen* die Erfahrungen, bewährten Abläufe und Programmteile aus Vorgängerversionen bei der Implementierung berücksichtigt werden (Wiederverwendung).

Beim Testen neuer Versionen *sollen* Regressionstests durchgeführt werden.

Ausbaustufenmodell

Die getrennten Teilaufgaben werden als Teilprojekte oder möglicherweise als eigene Projekte weitergeführt. Es *müssen* daher je Teilprojekt ab der Phase Entwurf sämtliche Verpflichtungen eingehalten werden wie bei Einzelprojekten.

7.6.9 Meilensteine

T4   Produkt erstellt und überprüft

Der Meilenstein ist erreicht, wenn die im Projektplan definierte Lösung (das *Produkt*) fertiggestellt und überprüft wurde.

P4   Produkt abgenommen

Der Meilenstein ist erreicht, wenn die im Projektplan definierte Lösung (das *Produkt*) gemäß der mit dem *Auftraggeber* vereinbarten Festlegungen abgenommen und der Abnahmebericht erstellt wurde.

7.7 Phase Einsatz

Bild 35:
Einbettung der
Phase Einsatz

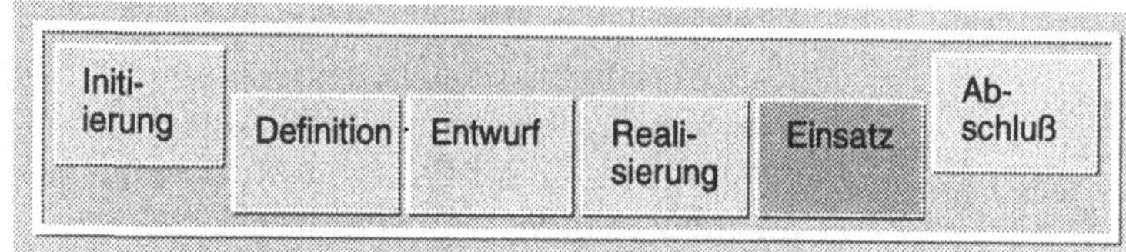

7.7.1 Überblick

Bild 36:
Überblick zur
Phase Einsatz

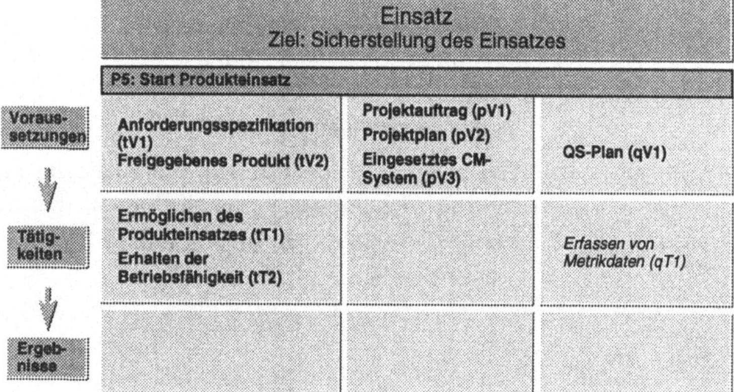

7.7.2 Allgemeines

Diese Phase umfaßt die Begleitung des Einsatzes der Lösung (es geht dabei nur um jene Tätigkeiten, die der Auftragnehmer einsatzbegleitend und -unterstützend durchzuführen hat). Die Phase Einsatz wird nur dann durchgeführt, wenn es vertraglich vereinbart wurde: Dies bezieht sich sowohl auf den vereinbarten Umfang als auch auf die vereinbarte Dauer der Leistungen (kann auch im Rahmen des Auftrags Gewährleistung beinhalten).

Wartung

Die Tätigkeiten der Phase Einsatz können auch Tätigkeiten umfassen, die bei typischen Wartungsaufgaben durchgeführt werden; eine klare Abgrenzung zwischen den Tätigkeiten bei Einsatz und *Wartung* ist nur aufgrund der Beauftragungssituation möglich: Wenn die gesamte Beauftragung nur Wartungtätigkeiten umfaßt, so spricht man sinnvollerweise von einem eigenen Wartungsprojekt (meist nach dem *Evolutionsmodell* durchgeführt). Wenn hingegen die Einsatzbegleitung und Gewährleistung in unmittelbarem Zusammenhang mit einem Entwicklungsprojekt steht, dann handelt es sich um die Phase Einsatz.

7.7.3 Phasenziele

Z1   Sicherstellung des Einsatzes

In dieser Phase *muß* die Lösung zum Einsatz kommen und die Betriebsfähigkeit der Lösung (des *Produkts*) sichergestellt werden. Diese Sicherstellung *kann* auch *Gewährleistung* mit einbeziehen.

Wenn eine Lösung nicht unmittelbar nach der Abnahme zum Einsatz kommt, *kann* auch eine vereinbarte Gewährleistungsfrist bereits vor dem Beginn der Einsatzphase abgelaufen sein. Eine Sicherstellung des Betriebs *kann* auch stufenweise erreicht werden, z.B. durch Einschub eines Pilot- oder Probebetriebs vor dem eigentlichen Breitenbetrieb.

7.7.4 Teilphasen

Die Einsatzphase *kann* abhängig von der Art des Produkts in Teilphasen zerlegt werden, z.B. in

- Pilotbetrieb und
- Betrieb.

7.7.5 Voraussetzungen

Für die Einsatzphase *müssen* folgende generelle Voraussetzungen zutreffen.

tV1   Anforderungsspezifikation

Die *Anforderungsspezifikation* ist das korrespondierende Dokument zur *Abnahme* und *muß* daher auch in der Phase Einsatz zur Verfügung stehen für die Unterscheidung zwischen in der Anforderungsspezifikation definierten Anforderungen (Gewährleistung) und neuen Anforderungen.

tV2   Freigegebenes Produkt

Das freigegebene *Produkt muß* zum Einsatz bereitstehen (diese Voraussetzung geht typischerweise vom Auftraggeber aus und liegt nicht im Einflußbereich des Auftragnehmers).

pV1 Projektauftrag

Um mit der Phase Einsatz beginnen zu können, *muß* ein *Projektauftrag* vorliegen, der mindestens diese Phase umfaßt.

pV2 Projektplan

Bei Beginn der Phase Einsatz *muß* ein *Projektplan* vorliegen, der mindestens alle Festlegungen für die Durchführung dieser Phase enthält.

pV3 Eingesetztes CM-System

Bei Beginn der Phase Einsatz *muß* das *CM-System* vorliegen (inklusive CM-Plan), mit dem die Produktkomponenten verwaltet und die Änderungs- und Freigabeverwaltungen vorgenommen werden.

qV1 QS-Plan

Bei Beginn der Phase Einsatz *muß* ein *QS-Plan* vorliegen, der alle Festlegungen für die Durchführung dieser Phase enthält.

7.7.6 Tätigkeiten

tT1 Ermöglichen des Produkteinsatzes

Alle im Projektplan und QS-Plan für den Produkteinsatz geplanten Maßnahmen *müssen* durchgeführt werden.

☞ Je nach vertraglicher Festlegung in der Beauftragung *kann* diese Tätigkeit auch vom Auftraggeber übernommen werden.

tT2 Erhalten der Betriebsfähigkeit

Alle für die Erhaltung der Betriebsfähigkeit des Produkts geplanten Maßnahmen *müssen* durchgeführt werden.

☞ Unter diese Tätigkeit fällt auch innerhalb der vereinbarten Gewährleistungsfrist alles, was unter Gewährleistung vertraglich festgelegt ist. Alle im Zuge dieser Tätigkeit an Produktkomponenten vorgenommenen Änderungen und Korrekturfreigaben *müssen* durch das Änderungswesen des CM-Systems beschrieben und abgedeckt sein. Die geänderten Komponenten selbst *müssen* ebenfalls im CM-System verwaltet werden.

Wenn es in einem QM-System gefordert ist, dann *müssen* die vorgesehenen Tätigkeiten hinsichtlich des Erfassens von Metrikdaten aus dem Einsatz durchgeführt werden (z.B. Erfassen von Fehlern, Fehlerstatistiken).

7.7.7 Ergebnisse

Typischerweise liegen keine signifikanten neuen technischen Ergebnisse vor, die in dieser Phase entstanden sind. Im Zuge einer allfällig in dieser Phase abgewickelten Gewährleistung können jedoch neue (Korrektur-)Versionen des Produkts entstehen.

Da keine verpflichtenden Ergebnisse vorliegen müssen, ist es in dieser Phase besonders wichtig, die gegebenenfalls im Q-Berichtswesen geforderten Qualitätsberichte zu erstellen und auf diese Weise eine Rückkopplung zum Entwicklungsprozeß zu erreichen.

7.7.8 Abhängigkeiten der Tätigkeiten und Ergebnisse von der Phasenablauforganisation

In der Phase Einsatz ergeben sich aus der Wahl der *Phasenablauforganisation* folgende Konsequenzen:

Spiralmodell

In der Phase Einsatz ist das Produkt schon fertig; es muß daher keine Zielausrichtung und *Risikoanalyse* mehr vorgenommen werden. Es *können* allerdings Überlegungen zu diesen Themen angestellt werden und in Planungen für neue Produktversionen oder Produkte münden.

Prototyping, Evolutionsmodell, Ausbaustufenmodell

In der Phase Einsatz sind keine besonderen von der Phasenablauforganisation abhängigen Aspekte zu berucksichtigen.

7.7.9 Meilensteine

Der Meilenstein ist erreicht, wenn die im *Projektplan* definierte Lösung (das *Produkt*) eingesetzt wird. Dieser Meilenstein liegt nicht notwendigerweise am Beginn der Phase (es kann z.B. ein Vorlauf mit Schulungen möglich sein).

7.8 Phase Abschluß

Bild 37:
Einbettung der
Phase Abschluß

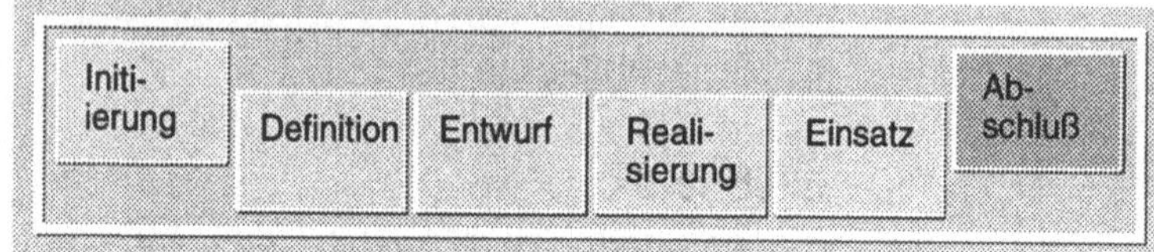

7.8.1 Überblick

Bild 38:
Überblick zur
Phase Abschluß

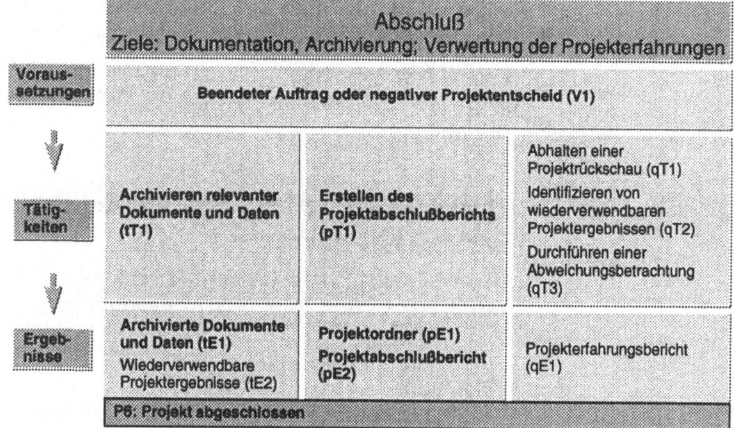

7.8.2 Allgemeines

Diese Phase dient dem geordneten Abschluß eines Projekts. Ein
Projekt kann beendet werden, wenn

- als Ergebnis der Initiierungsphase eine Beendigung entschieden wird (keine Durchführung);

- als Ergebnis der Initiierungsphase eine Weiterführung beschlossen wird, doch nicht als Projekt (wird z.B. als kleine
  Consultingaufgabe weitergeführt – Durchführung, doch nicht
  als Projekt);

- während einer Durchführungsphase die Beauftragung beendet wird (Durchführung abgebrochen; muß nicht ein Schei-
  tern des Projekts bedeuten, z.B. kein Auftrag nach dem Stellen eines Angebots);

- nach Erreichen des Projektziels (Abnahme, Einsatz) die Beauftragung beendet wird (Durchführung erfolgreich abgeschlossen).

Bei extrem langer Einsatzphase eines Projekts *soll* der Projektabschluß – soweit möglich – bereits vor dem Ende der Einsatzphase durchgeführt werden (Richtwert ca. ein Jahr nach Erreichen des Meilensteins P4).

7.8.3   Phasenziele

Z1   Dokumentation des Projektabschlusses, Archivierung relevanter Projektunterlagen und Q-Aufzeichnungen

Bei jedem Projektabschluß *müssen* das Projekt und dessen Abschluß dokumentiert und die relevanten Unterlagen für die im geltenden QM-System festgelegte Dauer in einem Archiv verwahrt werden (Projektunterlagen, QS-Pläne, Programme etc.).

Z2   Verwertung der Projekterfahrungen

Bei jedem Projektabschluß *sollen* die Projekterfahrungen möglichst zielführend verwertet werden. Um die Erfahrungen vermitteln und aus ihnen lernen zu können, *sollen* konkrete Ergebnisse in einem Erfahrungsbericht dokumentiert werden.

7.8.4   Teilphasen

In der Abschlußphase sind keine Teilphasen vorgesehen.

7.8.5   Voraussetzungen

Für die Abschlußphase *muß* folgende Voraussetzung zutreffen:

V1   Beendeter Auftrag oder negativer Projektentscheid

Je nach den Gründen für den Projektabschluß ist die Voraussetzung klarerweise unterschiedlich:

- Keine Durchführung,
- Durchführung, doch nicht als Projekt,
- Durchführung abgebrochen,
- Durchführung erfolgreich abgeschlossen,
- Sonderfall: lange Einsatzphase.

7.8.6   Tätigkeiten

tT1   Archivieren relevanter Dokumente und Daten

Spätestens bei Abschluß jedes Projekts *müssen* alle relevanten Dokumente in einem *Projektordner* archiviert werden. Dabei sind nicht nur die bei der Projektabwicklung erstellten *Dokumente*, sondern auch Verträge, Auftragsschreiben, *Q-Aufzeichnungen* und wichtige Berichte gemeint. Die notwendigen Daten (Programmsourcen, Programme, Unterlagen der Entwicklung, evtl. Entwicklungsumgebung etc.) *müssen* ebenfalls archiviert werden.

Bei der Archivierung der Dokumente und Daten gilt es zum einen, den Projektanforderungen und gesetzlichen Anforderungen sowie firmeninternen Regelungen zu genügen, andererseits nicht „sicherheitshalber" alles zu archivieren: Dies verschlechtert die Kosten-Nutzen-Relation und erhöht den späteren Aufwand zum Finden nötiger Unterlagen ganz erheblich. Der Projektordner kann auch in Form eines elektronischen Archivs gestaltet sein.

pT1   Erstellen des Projektabschlußberichts

Bei Beendigung eines Projekts *muß* ein Projektabschlußbericht erstellt werden (Adressat: GF-Leitung oder vergleichbare Organisationseinheit). Er *muß* den Grund des Projektabschlusses enthalten und den Projektverlauf sowie die erreichten Ergebnisse grob beschreiben. Es sind technische, organisatorische und kaufmännische Erfolge und Probleme aufzuzeigen sowie ggf. Probleme mit *Kunden/Auftraggebern* einerseits und Unterauftragnehmern andererseits zu dokumentieren.

Gleichzeitig soll auch ein Abschlußbericht an die für das Projekt zuständigen kaufmännischen Stellen ergehen. Auch bei einem negativen Durchführungsentscheid *muß* ein Projektabschlußbericht entstehen, der sich allerdings meist auf wenige Zeilen im Projektentscheid reduzieren kann.

qT1   Abhalten einer Projektrückschau

Bei Abschluß jedes Projekts *soll* eine Projektrückschau abgehalten werden. Aufgabe einer Projektrückschau ist es,

- positive Erfahrungen herauszuarbeiten, um sie anderen Projekten zur Verfügung stellen zu können;

- negative Erfahrungen aufzuarbeiten, um daraus Korrektur- bzw. Vorbeugungsmaßnahmen für zukünftige Projekte ableiten zu können.

Verdichtung der Erfahrungen und Erkenntnisse

Die Ergebnisse der Rückschau *sollen* in einem Projekterfahrungsbericht zusammengefaßt werden. Eine solche Verwertung *soll* möglichst

- eine kritische Rückschau auf den Projektablauf,

- die Ableitung von Verbesserungsmaßnahmen,

- das Herausfinden von wiederverwendbaren Komponenten

umfassen und damit das „Lernen" von Teams, Organisationseinheiten und Prozessen ermöglichen (anonymisierte Verdichtung der Erfahrungen und Erkenntnisse). Entfällt die Projektrückschau, so *muß* im Projektabschlußbericht dafür eine Begründung angegeben werden.

Wenige Wochen nach Produktabnahme

Eine Projektrückschau sollte nicht unmittelbar nach Beendigung aller Realisierungstätigkeiten eines Projekts, aber auch nicht zu lange danach erfolgen (ein guter Zeitpunkt wäre zwei bis drei Wochen nach Erreichen des Meilensteins P4).

Hier geht es nicht nur um technische Aspekte, sondern auch um die „soft facts", die die Arbeit oft mehr fördern oder behindern als nur die technischen Belange (wie ist die Arbeit und Zusammenarbeit gelaufen, was waren die „Highlights", warum entstanden „Katastrophen", ...).

qT2 Identifizieren von wiederverwendbaren Projektergebnissen

Bei Abschluß jedes Projekts *soll* versucht werden, Ergebnisse oder Ergebnisteile zu identifizieren, die potentiell in anderen Projekten wiederverwendet werden können. Dabei *sollen* nicht nur *Lieferkomponenten*, sondern auch Entwürfe, Architekturen, Verfahren und ähnliches betrachtet werden. Gefundene oder bereits nach bestehendem *WV-Plan* erzielte wiederverwendbare Ergebnisse *sollen* in geeigneter Weise so aufbewahrt werden, daß eine leichte Wiederverwendung ermöglicht ist. Ein Bericht über diese Tätigkeit bzw. eine Begründung, warum sie entfallen ist, *muß* im Projektabschlußbericht enthalten sein.

Wenn wiederverwendbare Projektergebnisse vorliegen, dann *soll* möglichst frühzeitig Kontakt mit der für die Wiederverwendung zuständigen Stelle aufgenommen werden, um das weitere Vorgehen, die Art der Dokumentation und der Archivierung festzulegen.

qT3   Durchführen einer Abweichungsbetrachtung

Jedes Projekt *soll* anhand der vorliegenden Daten bei Projektabschluß nochmals durchkalkuliert werden (Aufwand, Termine und Funktionen). Diese Abweichungsbetrachtung gegenüber der *Anforderungsspezifikation* und dem ursprünglichen *Projektplan* liefert wichtige Erfahrungen für die Planung und Aufwandsabschätzung zukünftiger Projekte.

Dokumentiert im Projektabschlußbericht

Die Ergebnisse dieser Abweichungsbetrachtung *sollen* im Projektabschlußbericht dokumentiert werden. Falls keine Abweichungsbetrachtung durchgeführt wird, so *muß* dies im Projektabschlußbericht begründet werden.

Die Bestimmung des tatsächlich entwickelten Funktionsumfangs *soll* mittels der Function-Point-Methode durchgeführt werden. Zusammen mit dem Ist-Aufwand liefert dieser Funktionsumfang wichtigen Input für zukünftige Schätzungen und dient darüber hinaus als Basismaß für Qualitäts- und Produktivitätsmetriken.

7.8.7   Ergebnisse

tE1   Archivierte Dokumente und Daten

Die nötigen Dokumente und Daten *müssen* kontrolliert aufbewahrt werden (unter Beachtung von Regelungen zur *Informationssicherheit*).

tE2   Wiederverwendbare Projektergebnisse

Bei der Verwertung der Projekterfahrung identifizierte wiederverwendbare Projektergebnisse *sollen* kontrolliert aufbewahrt werden.

pE1   Projektordner

Der *Projektordner muß* die wesentlichen Projektdokumente enthalten; dies sind minimal

* der Projektentscheid (aus der Initiierungsphase),
* der Projektabschlußbericht

sowie falls relevant

- alle Angebote und Auftragsschreiben,
- die Anforderungsspezifikation,
- alle relevanten Projektmanagementdokumente,
- alle Q-Aufzeichnungen.

Wurde ein Vorhaben zwar initiiert, aber negativ über die Durchführung beschieden, so reduziert sich der Projektordner auf den zu archivierenden Bescheid und den kurz gefaßten Projektabschlußbericht. Ein Projektordner *kann* auch bereits während der Projektabwicklung geführt werden und als übersichtliche Ablage projektrelevanter Dokumente dienen. Er *kann* auch in Form einer Datenbank geführt werden, wenn entsprechende „Approval"-Mechanismen vorhanden sind.

pE2 Projektabschlußbericht

Der Projektabschlußbericht *muß* bei Projektabschluß als Teil des Projektordners vorliegen.

Der Inhalt eines Projektabschlußberichts nach SEM ist in Kapitel 8.10 beschrieben.

qE1 Projekterfahrungsbericht

Der Projekterfahrungsbericht *soll* beim Abschluß von durchgeführten Projekten erstellt werden und faßt die Ergebnisse der Projektrückschau zusammen.

Der Inhalt eines Projekterfahrungsberichts nach SEM ist in Kapitel 8.11 beschrieben. Falls Projekterfahrungen bereichsübergreifend genutzt werden sollen, so *kann* dies im Rahmen entsprechender Verfahren erfolgen, wobei auf Anonymität und neutrale Darstellung der Information geachtet werden muß.

7.8.8 Abhängigkeiten der Tätigkeiten und Ergebnisse von der Phasenablauforganisation

Bezüglich der Abhängigkeit der Phase Abschluß von der gewählten Phasenablauforganisationsform sind die in Kapitel 6.3 angegebenen Prinzipien zu berücksichtigen, was folgende Konsequenzen hat:

Keine Abhängigkeit von der Phasenablauforganisation

1. In der als Abschluß jedes Projekts prinzipiell geforderten Abschlußphase gibt es keine Abhängigkeit von der Phasenablauforganisation: Die Phase Abschluß *muß* immer in gleicher Weise durchgeführt werden.

Individuelle Abschlußphasen

2. Wird bei Anwendung der „zusammengesetzten" Phasenablauforganisationsformen (Evolutionsmodell, Ausbaustufenmodell) projektspezifisch oder über den Geschäftsprozeß die Durchführung individueller Abschlußphasen für einzelne Versionen bzw. Ausbaustufen entschieden, so *kann* es gegenüber dem verpflichtenden Gesamtabschluß des Projekts zu definierten Abweichungen in Tätigkeiten und Pflichtergebnissen kommen, die im Projekt oder im Geschäftsprozeß festgelegt sind.

Beim Evolutions- und Ausbaustufenmodell kann es dann sinnvoll sein, nach der Entwicklung jeder Version/Ausbaustufe einen formellen Projektabschluß durchzuführen, wenn größere Zeiträume zwischen aufeinanderfolgenden Versionen/Ausbaustufen liegen. Es sollte jedenfalls angestrebt werden, daß bei der Entwicklung einer nachfolgenden Version/Ausbaustufe der größtmögliche Nutzen aus den früheren Erfahrungen gezogen werden kann (hinsichtlich Technik, Projektmanagement, QS, CM und WV).

7.8.9 Meilensteine

P6   Projekt abgeschlossen

Der Meilenstein ist erreicht, wenn alle verpflichtenden Phasenergebnisse vorliegen.

8 Pläne und Dokumente

Allgemeines

Für die im SEM-VM verpflichtend vorgesehenen Pläne und Dokumente ist keine generell verpflichtende Gliederung vorgeschrieben. Der jeweils konkrete Dokumentenaufbau sowie die genaue Inhaltsgliederung der Pläne und Dokumente sind nur in den einzelnen SEM-Ausprägungen genau festgelegt. Diese enthalten ja die konkreten Verfahrensanweisungen, die bei den Projektabwicklungen anzuwenden sind. Da SEM-Ausprägungen themenspezifisch, methodisch und bereichsspezifisch geprägt sein können, ist eine Vorschreibung einheitlicher Gliederungen weder sinnvoll noch möglich. Im folgenden sind daher möglichst ausprägungsneutral die als verpflichtend angesehenen Inhalte der einzelnen Dokumente charakterisiert.

„Dokumente"

Wenn im SEM-VM von „Dokumenten" gesprochen wird, ist dies eher symbolisch gemeint, d.h. es muß nicht notwendigerweise ein physisch eigenständiges Dokument im üblichen Sinn pro „Dokument" entstehen. Insbesondere bei kleinen Projekten bzw. im Fall von *Rahmenphasen*, die nicht zu einem *Projekt* gehören, können mehrere Pläne und Dokumente in einem physischen Dokument zusammengefaßt werden.

Die Reihenfolge der Pläne und Dokumente in der folgenden Beschreibung ist alphabetisch, soll also keine wie auch immer geartete logische Anordnung festlegen.

8.2 Anforderungsspezifikation

Eine Anforderungsspezifikation ist ein Dokument, das Anforderungen an das Projektergebnis (Produkt) enthält. Mindestens *eine* Anforderungsspezifikation *muß* als ein Ergebnis der Phase *Definition* entstehen. In einem Projekt kann es allerdings auch mehrere Anforderungsspezifikationen geben:

Lastenheft

- Anforderungsspezifikationen, die vom Auftraggeber vorgegeben sind oder in einem Projekt am Anfang der Definitionsphase entstehen, enthalten nur die vom Auftraggeber explizit angegebenen Anforderungen (typischerweise Benutzer-anforderungen, häufig als Lastenhefte bezeichnet).

Angebot

- Im Zuge einer Kundenanfrage oder Ausschreibung werden häufig kurzgefaßte Anforderungsspezifikationen erstellt und im technischen Teil von Angeboten dokumentiert.

Pflichtenheft

- Die Anforderungsspezifikation, die als Ergebnis der Definitionsphase eines Projekts entsteht, *muß* die Summe aller aus Projektsicht erforderlichen und akzeptierten Anforderungen enthalten (sie wird häufig als Pflichtenheft bezeichnet).

Review

Anforderungsspezifikationen *müssen* reviewt werden.

Anforderungen sollten in der Anforderungsspezifikation möglichst exakt und wenn möglich auch mittels quantitativer Aussagen formuliert sein, so daß sie gut überprüfbar sind. Sie sollten so formuliert sein, daß sie einzeln identifizierbar sind, womit ihre spätere Erfüllung im Projekt einzeln verfolgbar wird *(Traceability)*.

In den Anforderungsspezifikationen dürfen keine Entscheidungen über den Entwurf des Projektergebnisses (Produkts) vorweggenommen werden, außer es handelt sich um explizite Vorgaben des Auftraggebers.

Sofern es Voraussetzungen des Projekts gibt, die vom Auftraggeber zu erbringen sind (wie z.B. Beistellungen), *müssen* diese in der Anforderungsspezifikation beschrieben sein.

Inhalt

Folgende Aussagen *müssen* in der endgültigen Anforderungsspezifikation enthalten sein:

- Funktionale Anforderungen

  Hier müssen alle bekannten Anforderungen an Funktionen des Projektergebnisses (Produkts) angegeben werden, die zu dessen Zweckerfüllung erforderlich sind (die „Funktionalität").

- Verhaltensanforderungen

  Hier *müssen* alle bekannten Anforderungen angegeben werden, die an das externe Verhalten des Produkts generell oder in bezug zu einzelner Funktionalität gestellt werden. Dazu gehören insbesondere das Verhalten

  - gegenüber den vorgesehenen Benutzern (Benutzerschnittstellen),

  - gegenüber der sonstigen Umgebung des Produkts (*Systemschnittstellen*, organisatorische Schnittstellen, ...).

- Sonstige Anforderungen an das Produkt

  Hier *müssen* alle sonstigen Anforderungen angegeben werden, die an das Produkt gestellt werden. Typische Anforderungen dieser Art sind

  - Qualitätsanforderungen,

  - Technische Anforderungen,

  - Dokumentationsanforderungen.

- Anforderungen an die Projektabwicklung

  Hier *müssen* alle Anforderungen angegeben werden, die an die Projektabwicklung gestellt werden. Projektabwicklungsanforderungen sind unverzichtbar für jedes Projekt. Sofern vom Auftraggeber keine spezifischen Forderungen vorliegen, *müssen* im Projekt selbst solche Anforderungen festgelegt werden. Typische Anforderungen dieser Art sind

  - Realisierungsbedingungen
    (einzusetzende Sprachen, Methoden, Tools, ...),

  - Verwendung spezieller Komponenten
    (Standardsoftware, Betriebssysteme etc.),

  - Offenlegung von Unterauftragnehmern,

  - Abnahmebedingungen,

  - Lieferbedingungen, -form, -umfang,

  - Gewährleistungsregelungen.

Abstimmung der Anforderungen

Die Anforderungen *sollen* mit dem Auftraggeber abgestimmt werden.

8.3   Benutzerhandbuch

Ein Benutzerhandbuch *muß* spätestens in der Phase *Realisierung* entstehen, sofern es im Rahmen der Lieferkomponenten gefordert ist. Es *muß* alle Aussagen enthalten, die zur Bedienung des Produkts durch einen oder mehrere Benutzer erforderlich sind. Der Inhalt und die Form des Benutzerhandbuchs *müssen* den entsprechenden Anforderungen in der Anforderungsspezifikation genügen.

Review

Das Benutzerhandbuch *muß* reviewt werden.

Inhalt

Folgende Aussagen *müssen* in einem Benutzerhandbuch enthalten sein:

- Systemvoraussetzungen

  Hier *müssen* alle Voraussetzungen angegeben sein, deren Erfüllung erforderlich ist, um das Produkt ablaufen lassen zu können.

- Installation

  Hier *muß* alles angegeben sein, was nötig ist, um das Produkt installieren zu können.

- Administration

  Hier *muß* alles angegeben sein, was nötig ist, um das installierte Produkt und seine Benutzer administrieren zu können.

- Erstbenutzung

  Hier *muß* alles angegeben sein, was nötig ist, um das installierte Produkt erstmals und ohne spezielle Vorkenntnisse benutzen zu können, die über die allgemein von der Zielgruppe der Benutzer vorauszusetzenden Kenntnisse hinausgehen.

  > Insbesondere ist es wichtig, einem Benutzer ohne entsprechende Vorkenntnisse zu ermöglichen, ein etwaiges Online-Hilfesystem überhaupt nutzen zu können (z.B. Benutzung von Maus und Fenstern).

- Normale Benutzung

  Hier *muß* alles angegeben sein, was nötig ist, um das installierte Produkt im normalen Betrieb benutzen zu können.

  > Sofern ein geeignetes Online-Hilfesystem (etwa als Hypertext) erstellt wird, ist es nicht unbedingt erforderlich, die gesamte Information zusätzlich in einem Benutzerhandbuch zur Verfügung zu stellen. In diesem *muß* aber geeignet auf das Online-Hilfesystem und dessen Funktionalität verwiesen werden.

8.4 CM-Plan

Der CM-Plan *muß* als ein Ergebnis der Phase *Definition* entstehen. Er *muß* alle Aussagen enthalten, die zur Wahrnehmung eines ordentlichen Configuration Management im Projekt bekannt sein müssen, d.h. zur geordneten Verwaltung der benötigten und entstehenden Einheiten im Projektablauf. Sofern am Ende der Phase Definition noch nicht alle Festlegungen vorliegen, *muß* der CM-Plan in der Phase Entwurf überarbeitet werden.

Überprüfung
Inhalt

Der CM-Plan *muß* überprüft werden.

Folgende Aussagen *müssen* in einem CM-Plan enthalten sein:

- CM-Regelungen

  Hier *müssen* angegeben werden:

  - festgelegte *Verwaltungseinheiten,*

  - Bezeichnungs- und Ablageschema für alle *Verwaltungs-einheiten,*

  - Zulässige Zustände und Zustandsübergänge von *Verwaltungseinheiten,*

  - Verfahren zur Einbringung von Änderungen,

  - Verfahren zur Bildung von *Konfigurationen* bei Freigaben,

  - Integrationsplanung (sind im Projekt spezielle Maßnahmen zur Integration erforderlich, so müssen diese hier angegeben werden),

  - Systematische Abwicklung der Dokumentenverwaltung,

  - Problemmeldewesen,

  - Archivierung.

  Die CM-Regelungen *müssen* hinsichtlich Datenschutz und Datensicherung konsistent mit allfälligen Richtlinien zur Informationssicherheit sein.

- Realisierung der CM-Regelungen

  Hier *müssen* angegeben werden:

  - Aussagen über einzusetzende Tools,

  - Produktionsverfahren zur Herstellung des Produkts,

  - Freigabeverfahren zur Freigabe von Produktversionen.

8.5 Grob-Projektplan

Der Grob-Projektplan *muß* als ein Ergebnis der Phase *Initiierung* entstehen. Er *muß* alle Aussagen enthalten, die einen groben Überblick über den geplanten Projektverlauf geben können.

Überprüfung

Der Grob-Projektplan *muß* überprüft werden.

Die Aussagen im Grob-Projektplan sind in ihrer Beschreibung primär an einer Lösungserarbeitung im Rahmen eines Projekts ausgerichtet, nicht also etwa für eine Vortragsvorbereitung bzw.

eine Studie, die nicht als Projekt gemäß SEM abgewickelt werden.

Inhalt

Folgende Aussagen *müssen* in einem Grob-Projektplan enthalten sein:

- Projektziel

  Hier *muß* erkennbar sein, was als Ergebnis des Projektes entstehen bzw. geliefert werden soll *(Produkt)*. Es soll im wesentlichen auf den Lösungsvorschlag und die dort beschriebene Lösung verwiesen werden.

- Projektorganisation

  Hier *muß* erkennbar sein,

  - wer der vorgesehene *Auftraggeber* (evtl. auch Ansprechpartner) ist,

  - wer im Projekt die Gesamtverantwortung tragen soll (designierter *Projektleiter*),

  - wer für das Projekt (während der Initiierung) die Verantwortung für die Qualitätssicherung übernommen hat *(QSV)*,

  - wie das Projekt prinzipiell organisiert werden soll (ins Projekt eingeschlossene Partner oder Abteilungen).

- Aufwandsrahmen

  Hier *muß* angegeben werden, in welcher Größenordnung sich der Aufwand für die im Lösungsvorschlag vorgesehene Lösung bewegt.

- Personalanforderungsrahmen

  Hier *muß* grob angegeben werden,

  - welche Qualifikationen des Personals benötigt werden,

  - welche Einsatzmengenverteilung über das Projekt erwartet wird („Mitarbeiter-Einsatzgebirge").

- Terminrahmen

  Hier *muß* in groben Zügen erkennbar sein,

  - wann der Projektstart stattfinden könnte,

  - welche Projektdauer zu erwarten wäre.

- Projekttyp

  Hier *soll* angegeben werden, um welchen Projekttyp es sich handelt (Entwicklungsprojekt, Wartungsprojekt, Consultingprojekt etc.). Es *muß* auch angegeben werden, ob das Projekt nach Festpreis, nach Aufwand oder nach anderen Vereinbarungen abgewickelt wird (z.B. abrufbare Stunden zu festen Stundensätzen).

- Risiken

Alle bereits bekannten Risiken *müssen* hier angegeben werden. Dabei muß erkennbar sein, z.B. aus welchen

- problematischen technischen Anforderungen,

- problematischen Qualitätsanforderungen,

- problematischen Anforderungen an die Projektabwicklung

die Risiken herrühren. Zusätzlich zu solchen primär internen Risiken *müssen* bekannte externe Risiken angegeben werden, die z.B. aus Markterfordernissen oder Währungsschwankungen resultieren. Es *soll* auch angegeben werden, welche Maßnahmen zur Begrenzung dieser Risiken möglich wären.

Wenn als Lösung lediglich die Bereitstellung von Personal vorgeschlagen bzw. vorgesehen wird, ist im Grob-Projektplan sinngemäß der Einsatz dieses Personals zu beschreiben, also

- unter Projektziel, an welchem Projekt oder Vorhaben sie mitarbeiten sollen,

- unter Risiken, inwiefern eine solche Bereitstellung Risiken in sich bergen könnte,

- unter Projektorganisation, wer der Auftraggeber sein soll,

- unter Aufwandsrahmen die geforderten Bereitstellungsmengen (Stunden, Aufwandsmonate, ...),

- unter Personalanforderungsrahmen die Menge und Qualifikation des geforderten Personals,

- unter Terminrahmen die Termine für den Bereitstellungseinsatz.

8.6 Grob-QS-Plan

Der Grob-QS-Plan *muß* als ein Ergebnis der Phase *Initiierung* entstehen. Er *muß* alle Aussagen enthalten, die in dieser Phase aus der Sicht der Qualitätssicherung den Entscheid über Durchführung oder Nichtdurchführung des Projekts bzw. die noch zu entscheidende Art der Durchführung (z.B. Festpreis oder nicht) vorbereiten.

Überprüfung

Der Grob-QS-Plan *muß* überprüft werden.

Die Aussagen im Grob-QS-Plan werden bei Durchführung des Projekts größtenteils in den QS-Plan des Projekts übergeführt.

Inhalt

Folgende Aussagen *müssen* in einem Grob-QS-Plan enthalten sein:

- Vorgehensmodell

  Hier *muß* angegeben werden, nach welchem Vorgehensmodell das Projekt durchgeführt werden soll. Ist vom Auftraggeber kein spezielles Vorgehensmodell gefordert, *muß* auf jeden Fall eine existierende SEM-Ausprägung gewählt werden. Im Fall von Personalbereitstellung *kann* diese Angabe entfallen.

- Qualitätsanforderungen des Auftraggebers (soweit bereits bekannt)

  Hier *müssen* alle bereits bekannten Qualitätsanforderungen des vorgesehenen Auftraggebers angegeben werden, die dieser an das Projektergebnis *(Produkt)* stellt.

  Die Qualitätsanforderungen an das Produkt *(Qualitätsmerkmale)* werden nach entsprechender Ausarbeitung bei Durchführung des Projekts Bestandteil der Anforderungsspezifikation.

- Qualitätssicherungsanforderungen des Auftraggebers (soweit bereits bekannt)

  Hier *müssen* alle bereits bekannten Qualitätssicherungsanforderungen des vorgesehenen Auftraggebers angegeben werden, die dieser bei einer Projektabwicklung verlangt. Zu diesen speziellen Anforderungen *müssen* auch eine allfällige Sicherheitsrelevanz sowie im Zusammenhang damit speziell geforderte Sicherheitsnachweise bei der Anwendung des Produkts genannt werden.

8.7 Lösungsspezifikation

Mindestens *eine* Lösungsspezifikation *muß* als ein Ergebnis der Phase *Entwurf* entstehen. Sie *muß* alle Aussagen über die in der Entwurfsphase getroffenen Festlegungen zur Gestaltung des Projektergebnisses enthalten. Da unterschiedliche SEM-Ausprägungen unterschiedliche Teilphasen zur Entwurfsphase definieren sowie darüber hinaus projektspezifische Festlegungen getroffen werden können, gibt es in einem Projekt üblicherweise mehrere Lösungsspezifikationen.

Entwurfsspezifikation Soweit es sich im Rahmen des jeweiligen Projekts tatsächlich um eigenständigen Entwurf handelt (und nicht bloß um den Einsatz vorhandener Lösungen), entstehen als Lösungsspezifikationen *Entwurfsspezifikationen.*

In der ersten Teilphase der Entwurfsphase entsteht typischerweise eine Lösungsspezifikation mit groben oder prinzipiellen Festlegungen (z.B. Grobspezifikation, Systemspezifikation, Architekturspezifikation). In der letzten Teilphase der Entwurfsphase entsteht typischerweise eine Lösungsspezifikation mit detaillierten, konkreten oder realisierungsbezogenen Festlegungen (z.B. Detailspezifikation, Realisierungsspezifikation).

Review Lösungsspezifikationen *müssen* reviewt werden.

Inhalt Folgende Aussagen *müssen* in den Lösungsspezifikationen eines nach einer bestimmten SEM-Ausprägung abgewickelten Projekts insgesamt enthalten sein (wobei die Verteilung der Aussagen auf unterschiedliche Spezifikationen nicht festgelegt werden soll; Hinweise sollen die Zuordnung aber erleichtern):

- Lösungsüberblick, Lösungsbegründung

  Hier *muß* die getroffene Entwurfsentscheidung im Überblick dargestellt werden. Gleichzeitig *soll* eine Begründung für die Entscheidung sowie die Abgrenzung gegenüber anderen möglichen Entwürfen angegeben werden.

- Vorgesehene Systemteile

  Hier *müssen* die beim Entwurf entstandenen Systemteile dargestellt und soweit beschrieben werden, daß die weitere Bearbeitung der Lösung in den folgenden Teilphasen oder Phasen möglich wird. Die Art der Darstellung *soll* sich nach den im Projekt gewählten Verfahren bzw. allfällig eingesetzten Tools richten.

  In Grob-, System- oder Architekturspezifikationen werden die vorgesehenen Systemteile im Überblick und den Zusammenhängen dargestellt, in Detailspezifikationen werden die einzelnen Teile ausführlich für sich beschrieben.

- Schnittstellen

  Hier *müssen* alle beim Entwurf definierten internen Schnittstellen beschrieben werden. Sind gegenüber den Festlegungen der externen Schnittstellen in der Anforderungsspezifikation noch Konkretisierungen oder Ergänzungen entstanden, so *müssen* diese ebenfalls hier beschrieben werden.

- Bezüge zu den Anforderungen

Bestehen direkte Beziehungen von getroffenen Entwurfsentscheidungen bzw. Teilen der Lösung zu konkreten Anforderungen (enthalten in der Anforderungsspezifikation), so *müssen* diese hier angegeben werden.

> Entwurfsentscheidungen *sollen* stets so getroffen werden, daß eine Vielzahl von Anforderungen direkt adressierbar in der Lösung abgedeckt ist. Generell wird empfohlen, Bezüge zu den Anforderungen so explizit wie möglich darzustellen, damit deren Verfolgbarkeit gewährleistet ist *(Traceability)*.

- Strukturen und Abläufe

Hier *müssen* alle im Entwurf konkretisierten Strukturen und Abläufe der Lösung beschrieben werden. Die Art der Darstellung *soll* sich nach den im Projekt gewählten Verfahren bzw. allfällig eingesetzten Tools richten.

- Umsetzung des Entwurfs in die Realisierung

Hier *müssen* alle im Entwurf getroffenen Entscheidungen angegeben werden, die sich bereits auf die Strategie der Umsetzung des Entwurfs in die Komponenten beziehen, die danach in der Phase Realisierung hergestellt werden.

Alternativen

Da nicht jede Lösung gleichwertig sein muß, *sollen* auch Alternativen aufgezeigt und deren jeweilige Vor- und Nachteile einander gegenübergestellt werden.

8.8 Lösungsstudie

Eine Lösungsstudie *muß* als ein Ergebnis der Phase *Definition* nur dann entstehen, wenn im Zuge der Anforderungsbehandlung Lösungsalternativen oder überhaupt die Lösbarkeit zu untersuchen ist. In der Lösungsstudie *müssen* dann Aussagen enthalten sein, welche die Lösbarkeit zeigen und ggf. Lösungsalternativen einander gegenüberstellen. In diesem Zusammenhang können auch Aussagen über die Wiederverwendung und Anpassung bereits realisierter Lösungen bzw. die Wiederverwendung von Erfahrungen interessant sein.

Review

Die Lösungsstudie *muß* reviewt werden.

Inhalt

Konditional *müssen* folgende Aussagen in einer Lösungsstudie enthalten sein:

- Lösbarkeit

  Falls es berechtigte Zweifel gibt, ob das zu erstellende Produkt überhaupt realisierbar ist bzw. damit das gewünschte Ziel erreicht werden kann, *muß* das „prinzipielle Funktionieren" eines vorgeschlagenen Ansatzes argumentiert und ggf. demonstriert werden.

  > Dies stellt bereits einen notwendigen Vorgriff auf die Phase *Entwurf* bzw. beim Erstellen experimenteller Prototypen auf die Phase *Realisierung* dar. Trotzdem widerspricht es nicht dem Prinzip, in den Anforderungsdokumenten solche Vorgriffe zu vermeiden. Während in diesen die Anforderungen zu dokumentieren sind, enthält die Lösungsstudie sauber davon getrennt nötige Aussagen über die Lösbarkeit.

- Lösungsalternativen

  Da nicht jeder Lösungsansatz gleichwertig sein muß, ist es sehr empfehlenswert, Alternativen aufzuzeigen und deren jeweilige Vor- und Nachteile einander gegenüberzustellen. Falls Lösungsalternativen diskutiert werden, *müssen* die wesentlichen davon bewertet und in einer Gegenüberstellung dokumentiert werden.

  > Im Rahmen der Erstellung einer Lösungsstudie geht es aber noch nicht so sehr um die Alternativen der internen Realisierung, sondern vielmehr um Lösungen, wie das eigentliche Ziel erreicht werden kann. Somit kann die bewertete Gegenüberstellung solcher Alternativen durchaus wesentlichen Einfluß auf die Anforderungen an das Produkt und somit auf den Inhalt der *Anforderungsspezifikation* haben.

8.9 Lösungsvorschlag

Der Lösungsvorschlag *muß* als ein Ergebnis der Phase *Initiierung* entstehen. Er *muß* alle Aussagen enthalten, die als technische Basis für einen Projektentscheid über die Durchführung oder Nichtdurchführung bzw. über die noch zu entscheidende Art der Durchführung dienen können.

Überprüfung

Der Lösungsvorschlag *muß* überprüft werden.

Die Aussagen im Lösungsvorschlag sind in ihrer Beschreibung primär an einer Lösungserarbeitung im Rahmen eines Projekts ausgerichtet. Wenn als Lösung lediglich die Bereitstellung von Personal vorgesehen ist bzw. vorgeschlagen wird, ist im Lösungsvorschlag als Lösung der Einsatz des Personals zu beschreiben. Unter Lösungsweg können dann eventuell vorgesehene oder bereits abgesprochene Einsatzbedingungen angegeben werden (wo, alleine oder in einem Team, ...). Wenn in der Phase Initiierung nur entschieden wird nachfolgend ein *Angebot* zu erstellen, können eventuell Teile entfallen.

Inhalt

Folgende Aussagen *müssen* in einem Lösungsvorschlag enthalten sein:

- Zweck, Ziel und Einsatz der Lösung

  Hier *muß* erkennbar sein, welche Aufgabe gelöst werden soll, was dabei erreicht werden soll und wo und wie die Lösung eingesetzt werden soll.

- Vorliegende primäre Anforderungen

  Hier *müssen* die vorliegenden primären Anforderungen angegeben werden. Liegen die primären Anforderungen, die zum Anstoß der Initiierungsphase geführt haben, in schriftlicher Form vor, so *soll* auf sie lediglich verwiesen werden (sie werden am besten in einem Anhang zum Lösungsvorschlag beigelegt).

- Vorgeschlagene Lösung

  Hier *muß* die vorgeschlagene Lösung bzw. mindestens der Lösungsansatz skizziert werden.

- Vorgeschlagener Lösungsweg

  Um die Machbarkeit der vorgeschlagenen Lösung besser bewerten zu können, *muß* auch der vorgesehene Lösungsweg mindestens kurz skizziert werden. Minimal *muß* erkennbar sein, ob eine Lösung ganz oder vorwiegend durch Einsatz vorhandener Produkte bzw. ganz oder vorwiegend durch Neuentwicklung erreicht werden soll. Bereits bekannte Einzelheiten über wiederverwendbare Komponenten *sollen* dann im Grob-QS-Plan angegeben werden. Sofern bereits grobe Entwurfsvorstellungen existieren, *sollen* auch diese hier angegeben werden (z.B. Lösung in Client-/Serverarchitektur).

Alternativen

Da nicht jeder Lösungsansatz gleichwertig sein muß, *sollen* auch Alternativen aufgezeigt und deren jeweilige Vor- und Nachteile einander gegenübergestellt werden.

8.10   Projektabschlußbericht

Der Projektabschlußbericht *muß* als ein Ergebnis der Phase *Abschluß* entstehen. Er *muß* Aussagen über den Grund des Projektabschlusses und über den Projektablauf enthalten, wobei sowohl auf Erfolge als auch auf Probleme einzugehen ist. Die Zielgruppe eines Projektabschlußberichts ist das Management.

Keine Überprüfung

Der Projektabschlußbericht muß weder reviewt noch überprüft werden.

Im Fall eines negativen Durchführungsentscheids *muß* aus dem Projektabschlußbericht erkennbar sein, warum ein möglicherweise erfolgversprechendes Projektvorhaben doch nicht zustande gekommen ist, und was in der Zukunft anders versucht werden soll.

Inhalt

Ein Projektabschlußbericht *muß* folgende Aussagen enthalten:

- Grund des Abschlusses

  Hier *muß* der Grund für den Abschluß des Projekts angegeben werden (z.B. ordnungsgemäße Beendigung aller geplanten Arbeiten oder Nicht-Durchführung).

- Projektablauf

  Hier *muß* der Projektablauf skizziert werden, wobei alle wesentlichen technischen, organisatorischen und kaufmännischen Erfolge und Probleme sowie allfällige Korrekturmaßnahmen aufgelistet werden *müssen*.

  Darunter fallen eventuelle Probleme mit Kunden, Auftraggebern bzw. Unterauftragnehmern.

- Ergebnisse bezüglich WV

  Hier *muß* angegeben werden, was mit welchem Erfolg wiederverwendet werden konnte, und welche Ergebnisse im eben abgeschlossenen Projekt erzielt wurden, die wiederverwendbar sind.

- Archivierungsinformation

  Hier *muß* angegeben werden, was, wo und in welcher Form archiviert wird, und wie die Archivierung erfolgen soll.

Abweichungsbetrachtung

Zusätzlich *sollen* die Ergebnisse der Abweichungsbetrachtung dokumentiert werden. Hier *müssen* ggf. alle Daten, die bei der nochmaligen Kalkulation zum Projektabschluß entstehen, und deren etwaige Differenzen zu den ursprünglichen Daten aufgelistet werden.

8.11 Projekterfahrungsbericht

Ein Projekterfahrungsbericht *soll* als ein Ergebnis der Phase *Abschluß* entstehen. Er *soll* alle Aussagen enthalten, die es ermöglichen, sowohl aus den positiven als auch aus den negativen Erfahrungen im Projekt zu lernen. Er faßt die Ergebnisse der Projektrückschau mit dem Ziel zusammen, daß in laufenden und zukünftigen Projekten effektiver und effizienter gearbeitet werden kann. Dabei geht es klarerweise um technische Aspekte, aber nicht nur um diese. Insbesondere sollen auch organisatorische Aspekte und sogenannte „soft facts" im Projekterfahrungsbericht behandelt werden.

Keine Überprüfung

Der Projekterfahrungsbericht muß weder reviewt noch überprüft werden.

Die Projektrückschau kommt unmittelbar den teilnehmenden Projektmitarbeitern zugute; in weiterer Hinsicht dienen die gesammelten Erfahrungen und Erkenntnisse zur Unterstützung bei der Verbesserung der Qualität und Effektivität der Arbeit (Qualitätsmanagement, Prozeßverbesserung etc.).

Inhalt

Folgende Aussagen *sollen* in einem Projekterfahrungsbericht enthalten sein:

- Kritische Rückschau

  Hier *sollen* alle in einer kritischen Rückschau gewonnenen wesentlichen Erkenntnisse übersichtlich dargestellt werden.

  - Positive Erfahrungen

    Was ist im Projekt besonders gut gelungen, worauf ist dies zurückzuführen? Kann man diese Erfahrungen auch anderen Projekten zugute kommen lassen?

  - Negative Erfahrungen

    Was ist weniger gut oder ganz schlecht gelaufen, worauf ist dies zurückzuführen? Wie kann man es das nächste Mal besser machen?

- Vorgeschlagene Maßnahmen

  Wenn bei der Projektrückschau konkrete Maßnahmen vorgeschlagen oder bereits erarbeitet wurden, so *sollen* die Maßnahmen hier angeführt werden.

8.12 Projektplan

Der Projektplan *muß* als ein Ergebnis der Phase *Definition* entstehen. Er *muß* alle Aussagen enthalten, die dem Projektmanagement zur ordentlichen Projektabwicklung bekannt sein müssen. Der Projektplan legt zugleich die bei der Projektkontrolle heranzuziehenden Planwerte fest. Sofern am Ende der Phase Definition noch nicht alle Festlegungen vorliegen bzw. sich während der Durchführung Änderungen ergeben, *muß* der Projektplan in den Phasen Entwurf und ggf. Realisierung überarbeitet werden.

Review

Der Projektplan *muß* reviewt werden.

Abgesehen von der Grob-Projektplanung, deren Ergebnis im Grob-Projektplan dokumentiert wird, unterscheidet SEM-VM noch zwischen vorläufiger und regulärer Projektplanung. Generell ist es sinnvoll, die Ergebnisse der Grob-Projektplanung als Basis für die vorläufige Projektplanung heranzuziehen, und deren Ergebnisse wiederum für die reguläre Projektplanung.

Inhalt

Folgende Aussagen *müssen* in einem regulären Projektplan enthalten sein:

- Lieferkomponenten (Produkt)

  Hier *müssen* alle auszuliefernden Projektergebnisse (Produktkomponenten, Dokumentation) angegeben werden.

- Weitere Ergebnisse

  Hier *müssen* alle weiteren Ergebnisse angegeben werden, die im Laufe des Projekts entstehen oder erforderlich sind, um die Lieferergebnisse erstellen zu können. Dazu gehören Zwischenergebnisse sowie Pläne und Dokumente.

- Durchzuführende Arbeiten

  Hier *müssen* alle Arbeiten angegeben werden, die zur Erreichung der Lieferkomponenten und der weiteren Komponenten erforderlich sind.

  Bei strukturierter Darstellung dieser Arbeiten spricht man auch von Projektstruktur oder "Work Breakdown Structure".

- Projektorganisation, Verantwortlichkeiten

  Hier *müssen* die gewählten Verantwortungsbereiche des Projekts, alle Projektinstanzen und die jeweiligen Verantwortlichen angegeben werden.

- Aufwände

  Hier *müssen* die den durchzuführenden Arbeiten entsprechenden Aufwände angegeben werden. Geplante Aufwände *müssen* für

  - Personaleinsatz,

  - Betriebsmitteleinsatz,

  - Sonstige Erfordernisse (Schulung, Reisen, Materialien, Zukäufe etc.)

  angegeben werden.

- Kosten

  Hier *sollen* die aus den Aufwänden resultierenden Kosten angegeben werden.

- Personaleinsatz

  Hier *muß* der Einsatz der im Projekt vorgesehenen Mitarbeiter angegeben werden.

- Termine, Meilensteine

  Hier *müssen* zumindest die Termine für die nach SEM-VM verpflichtenden Meilensteine angegeben werden. Darüber hinaus sollen auch Termine für projektintern vereinbarte zusätzliche Meilensteine angegeben werden. Sofern es möglich ist, sollen auch Aufwände angegeben werden. Bei Einsatz von Netzplantechnik können auch zu allen Arbeiten Termine vergeben werden.

- Projektkontrolle

  Hier *muß* die konkret gewählte Art der Durchführung der Projektkontrolle festgehalten werden.

- Risiken, Risikomanagement

  Alle erkannten Risiken *müssen* hier angegeben und bewertet werden, sowie alle Vorkehrungs- und Abhilfemaßnahmen, die im Rahmen der Risikomanagementplanung ermittelt werden.

8.13 Qualitätssicherungsplan (QS-Plan)

Der Qualitätssicherungsplan *muß* als ein Ergebnis der Phase *Definition* entstehen. Er *muß* alle Aussagen enthalten, die zur Wahrnehmung einer ordentlichen Qualitätssicherung im Projekt bekannt sein müssen. Sofern am Ende der Phase Definition noch nicht alle Festlegungen vorliegen bzw. sich während der Durchführung Änderungen ergeben, *muß* der Qualitätssicherungsplan in den Phasen *Entwurf* und ggf. *Realisierung* überarbeitet werden.

Review — Der Qualitätssicherungsplan *muß* reviewt werden.

Inhalt — Einige Aussagen *können* Wiederholungen zu anderen Dokumenten darstellen. In diesen Fällen *soll* auf die bereits vorhandenen Dokumente verwiesen werden. Folgende Aussagen *müssen* in einem QS-Plan enthalten sein:

- Projektbezeichnung

  Hier *muß* die gewählte Projektbezeichnung angegeben werden, die auf allen Dokumenten zur Identifikation des Projekts dient.

- Projektorganisation

  Hier *müssen* die gewählten Verantwortungsbereiche des Projekts, alle Projektinstanzen und die jeweiligen Verantwortlichen angegeben werden. In der Regel wird dazu auf den Projektplan verwiesen. Minimal (also nicht bloß als Verweis) *müssen* explizit angegeben sein:

  - Projektleiter,

  - QS-Verantwortlicher,

  - Ansprechpartner beim Auftraggeber.

- Projektkurzbeschreibung

  Hier *müssen* entweder in Kurzform Ziel und Zweck, angestrebtes Projektergebnis (Produkt) und die gewählte Projektabwicklung beschrieben werden, oder es werden entsprechende Verweise auf die *Anforderungsspezifikation* angegeben.

- QS-Anforderungen des Auftraggebers

  Hier *müssen* alle expliziten Qualitätssicherungsanforderungen des Auftraggebers angegeben werden. Sind diese bereits in einer *Anforderungsspezifikation* vollständig angegeben, reicht ein Verweis auf dieses Dokument.

- QS-Maßnahmen

  Hier *müssen* alle Qualitätssicherungsmaßnahmen angegeben werden, die im Projekt vorgesehen sind. Dazu zählen vor allem

  - allgemeine Maßnahmen
    (Controlling, Q-Bewertung, ...),

- phasenspezifische Maßnahmen
  (Validierungs-Inspektionen, Reviews, Tests, formale Beweise, Usability Inspections, ...).

- Q-Berichtswesen und Korrekturmaßnahmen

  Hier *muß* angegeben werden, welches Q-Berichtswesen vorgesehen ist und wie bei Problemen verfahren wird, die innerhalb der Projektorganisation nicht gelöst werden können. Zusätzlich *sollen* geplante Verfahren zur Einleitung von Korrekturmaßnahmen dokumentiert werden. Es müssen die Zuständigkeiten, die Abwicklung und allfällige Entscheidungsinstanzen festgelegt werden.

- SEM-Ausprägung

  Hier *müssen* die für das Projekt gewählte SEM-Ausprägung sowie alle in diesem Modell gewählten Spezifika angegeben werden (z.B. Teilphasenfestlegungen, gewähltes Phasenablaufmodell etc.).

- Projektbesonderheiten

  Sind im Projekt Abweichungen von den Regelungen und Vorgaben der SEM-Ausprägung vorgesehen, so *müssen* diese hier angegeben und entsprechend begründet werden (z.B. Begründungen für das Nicht-Einhalten von „*soll*"-Bestimmungen, Definition von projektspezifischen Meilensteinen etc.).

- Richtlinien, Konventionen, Verfahren und Werkzeuge

  Sofern im Projekt spezielle Richtlinien oder Konventionen, Verfahren oder Werkzeuge anzuwenden sind, *müssen* diese hier beschrieben werden, oder es *muß* alternativ auf entsprechende Unterlagen verwiesen werden.

  Zu den Richtlinien und Konventionen zählen auch

  - bei SW-Entwicklung Programmierkonventionen zu einer Programmiersprache,
  - WV-Konventionen,
  - Dokumentenvorlagen,
  - Verteilerfestlegungen,
  - IS-Richtlinien etc.

- Produktqualifikation und deren Prüfung

  Sofern Produktqualifikation (Produkt-Zertifizierung, Sicherheitsnachweise, Prüfzeichen, ...) eine Anforderung im Projekt darstellt, *müssen* hier die vorgesehenen Qualifikationen und die damit verbundenen Prüfungen angegeben werden.

> Die Anforderung selbst *muß* ggf. in der *Anforderungsspezifikation* enthalten sein.

* Beistellungen des Auftraggebers

  Sofern Beistellungen des Auftraggebers vorgesehen sind, *müssen* diese hier vollständig angegeben werden, ebenso die vorgesehenen Prüfungen der Beistellungen (hier kann auch auf bereits definierte QS-Maßnahmen verwiesen werden).

> Die Festlegung über Beistellungen *muß* ggf. in der *Anforderungsspezifikation* unter den Voraussetzungen des Projekts, die vom Auftraggeber zu erbringen sind, enthalten sein.

* Überwachung von Unterauftragnehmern

  Sofern im Projekt Unterauftragnehmer vorgesehen sind, *müssen* hier mindestens die

  – Anforderungen an das QM-System des Unterauftragnehmers,

  – Maßnahmen zur Überprüfung
    (Audits, Reviews, Nachweise),

  – Leistungen der Unterauftragnehmer
    (Beschaffungsdokumente)

  festgelegt werden.

* Q-Aufzeichnungen

  Hier *muß* in Übereinstimmung mit den geltenden QM-Verfahren festgelegt werden, welche Dokumente als Q-Aufzeichnungen geführt werden und wie diese behandelt werden (CM, Aufbewahrung, ...).

8.14   Testplan

Der Testplan *muß* als ein Ergebnis der Phase *Entwurf* entstehen. Darin werden die im QS-Plan als QS-Maßnahmen vorgesehenen Tests definiert. Sofern am Ende der Phase Entwurf noch nicht alle Festlegungen vorliegen bzw. sich Änderungen ergeben, *muß* der Testplan in der Phase *Realisierung* überarbeitet werden. Bei Anwendung von *Prototyping* (als Phasenablauforganisation) gilt dies insbesonders.

Review

Inhalt

Der Testplan *muß* reviewt werden.

Folgende Aussagen *müssen* in einem Testplan enthalten sein:

- Allgemeine Anforderungen, Ziele

  Hier *müssen* alle bekannten expliziten Anforderungen zur *Validierung* und *Verifizierung* der realisierten Lösung sowie die Ziele der im folgenden festgelegten Testmaßnahmen angegeben werden.

- Testnachweise, Verwaltung der Testdaten

  Hier *muß* angegeben werden, welche Dokumente als Testnachweise geführt werden und wie diese sowie die erforderlichen Testdaten verwaltet werden sollen.

- Verifizierungstestmaßnahmen

  Hier *müssen* alle geplanten Testmaßnahmen zur *Verifizierung* des Projektergebnisses (Produkts) oder von Teilen davon gegen die entsprechenden Spezifikationen angegeben werden. Je nach Komplexität der Aufteilung des Produkts in der Phase Entwurf sind mehr oder weniger Testschritte erforderlich (z.B. Komponententest, Modultest etc.). Erfolgen in unterschiedlichen Testschritten unterschiedliche Testmaßnahmen, so *müssen* alle explizit angegeben werden. Zu jeder Testmaßnahme *sollen*

  - Testfälle und eine Beschreibung der Testdaten,
  - Testhilfsmittel,
  - Testumgebung und Testbedingungen,
  - Form des Testnachweises

  angegeben werden.

- Validierungstestmaßnahmen

  Hier *müssen* alle geplanten Testmaßnahmen zur *Validierung* des Projektergebnisses (Produkts) oder von Teilen davon angegeben werden. Damit sind solche Testmaßnahmen gemeint, die sicherstellen sollen, daß das „richtige" Produkt erstellt wurde, also ein solches, das der Anwender brauchen kann.

- Abnahmetestmaßnahmen

  sind immer getrennt im Plan auszuweisen. Es soll dabei auf die Anforderungen bezug genommen werden. Auch hier *sollen* wieder

- Testfälle und eine Beschreibung der Testdaten,
- Testhilfsmittel,
- Testumgebung und Testbedingungen,
- Form des Testnachweises

angegeben werden. Falls ein Abnahmetest durch den Auftraggeber oder Dritte durchgeführt werden soll, *muß* dies explizit angegeben werden. In diesem Fall können oben genannte Angaben zum Abnahmetest evtl. entfallen.

8.15 Wiederverwendungsplan (WV-Plan)

Der WV-Plan *muß* als ein Ergebnis der Phase *Definition* entstehen. Er *muß* alle Festlegungen zu den Themen *Wiederverwendung* und *Wiederverwendbarkeit* dokumentieren. Sofern am Ende der Phase Definition noch nicht alle Festlegungen vorliegen bzw. sich während der Durchführung Änderungen ergeben, *muß* der WV-Plan in der Phase *Entwurf* überarbeitet werden.

Überprüfung

Der Wiederverwendungsplan *muß* überprüft werden.

Inhalt

Folgende Aussagen *müssen* in einem WV-Plan enthalten sein:

- Motivation, Zielsetzung

  Hier *müssen* die Motive für die Anwendung von Wiederverwendung oder Wiederverwendbarkeit angegeben werden. Durch die Angabe von Zielsetzungen können die konkreten Maßnahmen besser bewertet werden.

- Wiederverwendungsmaßnahmen

  Hier *muß* alles angegeben sein, was wiederverwendet werden soll, und wie es zur *Wiederverwendung* aufbereitet oder behandelt wird.

  Wiederverwendung *soll* sich nicht nur auf Lieferkomponenten, sondern auch auf Methoden, Tools, Entwürfe, Dokumente und Daten erstrecken.

- Wiederverwendbarkeitsmaßnahmen

  Hier *muß* alles angegeben sein, was zur *Wiederverwendbarkeit* entstehender Ergebnisse getan werden soll. Spezielle Regeln für die Gestaltung, geforderte Qualitätsmerkmale und vorgesehene Validierungs- und Verifizierungsmaßnahmen *müssen* vollständig angegeben werden.

Checklisten

9.1 Allgemeines

Zur Unterstützung der Anwendung von *SEM* in Form der SEM-Ausprägungen ist das Anlegen unterschiedlicher Checklisten vorgesehen. Sie sollen wesentliche Aufgaben der Projektabwicklung unterstützen, vor allem die Erstellung von Plänen und Dokumenten, aber auch die Durchführung anderer Aufgaben (Risikoanalysen, Methodenauswahl, Beauftragung von Unterauftragnehmern, Abnahmevorbereitung etc.). Prinzipiell soll daher ausprägungsspezifisch festgelegt werden

- zu welchen Themen und

- mit welchen Inhalten

Checklisten angeboten werden.

Generelle
Regelungen

Aus der Sicht des *SEM-VM* wird generell geregelt:

1. welcher einheitliche Aufbau für alle Checklisten eingehalten werden muß;

2. zu welchen Themen unbedingt in jeder Ausprägung von *SEM* eine (inhaltlich der Ausprägung entsprechende) Checkliste vorhanden sein *muß*.

Damit soll einerseits gewährleistet sein, daß wichtige Themen (z.B. die Erstellung von Plänen und Pflichtdokumenten) in jeder SEM-Ausprägung unterstützt werden, andererseits aber auch, daß in *Projekten* durchaus mehrere SEM-Ausprägungen zur Anwendung kommen können (z.B. in unterschiedlichen Teilprojekten), ohne daß dadurch ein „Bruch" in der Linie der projektunterstützenden Maßnahmen eintritt.

Verschiedene
SEM-Ausprägungen

Auch wenn im allgemeinen die inhaltlichen Aussagen der pflichtgemäß in allen SEM-Ausprägungen geforderten Checklisten je nach Ausprägung variieren werden, kann es durchaus vorkommen, daß einzelne Checklisten für mehrere Ausprägungen Gültigkeit haben. Normalerweise werden sich aber gerade in den Checklisten die Unterschiede der einzelnen Ausprägungen von *SEM* deutlich manifestieren (außer in den Gliederungen): In den konkreten Checklistenpunkten und den angegebenen Beispielen sollen vor allem die Ausprägungsspezifika erkennbar sein.

9.2 Aufbau von Checklisten

Checklisten für *SEM müssen* in ihrem Aufbau folgenden einheitlichen Festlegungen entsprechen:

9.2.1 Checklisten für Pläne und Dokumente

- Der Aufbau der Checklisten für Pläne und Dokumente *muß* der in der jeweiligen SEM-Ausprägung für die entsprechenden Pläne oder Dokumente geforderten Gliederung (Kapiteleinteilung) entsprechen.

- Zu jedem verpflichtenden Kapitel bzw. Abschnitt eines Plans oder eines Dokuments *muß* in der Checkliste eine Erklärung über den Zweck des Kapitels enthalten sein.

- Zu jedem verpflichtenden Kapitel bzw. Abschnitt eines Plans oder eines Dokuments *muß* in der Checkliste stichwortartig eine Reihe von passenden Checklisteneinträgen vorgesehen werden.

- Zu jedem Stichwort *kann* eine Erklärung und *soll* ein Beispiel angegeben werden.

- Angegebene Beispiele *sollen* der jeweiligen SEM-Ausprägung entsprechen.

- Zu den gesamten Plänen oder Dokumenten *soll* entsprechend der jeweiligen Checkliste in einem eigenen Abschnitt ein durchgängiges Gesamtbeispiel („Musterplan", „Musterdokument") angegeben werden.

9.2.2 Checklisten für die Durchführung von Tätigkeiten

- Der Aufbau der Checklisten *soll* den möglichen/empfohlenen Schritten bei der Durchführung der jeweiligen Tätigkeiten in der üblichen Reihenfolge entsprechen.

- Pro angegebenem Schritt *muß* in der Checkliste stichwortartig eine Reihe von passenden Checklisteneinträgen vorgesehen werden.

- Checklisteneinträge *sollen* die vorgesehene Reihenfolge der zu beachtenden Einzelheiten wiedergeben.

- Zu jedem Stichwort *kann* eine Erklärung und *soll* ein Beispiel angegeben werden.

- Angegebene Beispiele *sollen* der jeweiligen SEM-Ausprägung entsprechen.

- Zu den gesamten Tätigkeiten *soll* entsprechend der jeweiligen Checkliste in einem eigenen Abschnitt ein durchgängiges Gesamtbeispiel („Musterablauf", „Musterszenario") angegeben werden.

9.3 Verpflichtende Checklisten

Zu folgenden Plänen und Dokumenten muß in jeder SEM-Ausprägung eine Checkliste vorgesehen werden:

1. Lösungsvorschlag

2. Grob-Projektplan

3. Grob-QS-Plan

4. Projektentscheid

5. Endgültige Anforderungsspezifikation

6. WV-Plan

7. Projektplan

8. CM-Plan

9. CM-System

10. QS-Plan

11. Gesamte Lösungsspezifikation

12. Testplan

13. Abnahmebericht

14. Projektabschlußbericht

15. Projekterfahrungsbericht.

Im Sinne der Forderungen aus Kapitel 9.2 *müssen* alle diese Checklisten den in den entsprechenden SEM-Ausprägungen festgelegten Gliederungen der Pläne und Dokumente entsprechen. Pro Checkliste *soll* auch ein komplettes Beispiel zum entsprechenden Plan bzw. Dokument enthalten sein. Für die Durchführung von Tätigkeiten werden keine verpflichtenden Checklisten gefordert; es *sollen* jedoch in den SEM-Ausprägungen insbesondere dann Checklisten für die Durchführung von Tätigkeiten vorgesehen werden, wenn es sich um ausprägungsspezifische Tätigkeiten handelt.

Begriffsbestimmungen und Abkürzungen

Abnahme: Übernahme des Produkts durch den Kunden gemäß den Vorgaben aus der ⇨Anforderungsspezifikation (Übernahmebedingungen, Abnahmetest etc.).

Abnahmetest: Test, der im Zuge der ⇨Abnahme vom Kunden (oder gemeinsam mit ihm) durchgeführt wird (der Abnahmetest erfolgt gegen die ⇨Anforderungsspezifikation). Meist handelt es sich dabei um einen kundenseitigen ⇨Systemtest.

Abnahmetestplan: Kapitel des ⇨Testplans, das das Vorgehen beim ⇨Abnahmetest beschreibt.

Abschluß: Projektphase gemäß ⇨SEM-VM, die Dokumentation, Archivierung und Verwertung der Projekterfahrungen zum Ziel hat. ⇨Initiierung und Abschluß stellen die ⇨Rahmenphasen dar, die bei jedem ⇨Vorhaben durchlaufen werden müssen.

Anforderungen, primäre: Sammelbegriff für alle Anforderungen, die zum Zeitpunkt des Projektanstoßes vorliegen. Diese Anforderungen sind meist noch unvollständig und inkonsistent. Sie müssen in der Phase ⇨Initiierung soweit analysiert werden, wie dies für den ⇨Projektentscheid nötig ist.

Anforderungsspezifikation: Zentrales Dokument eines Projekts, in dem die Leistungen des ⇨Produkts unter den vorgegebenen Einsatzbedingungen verbindlich festgelegt werden. Dieses Dokument entsteht in der Phase ⇨Definition und bildet nach der Abstimmung mit dem Auftraggeber die technische Grundlage für Entwicklung und Produktabnahme.

Angebot: Im Zuge einer Kundenanfrage oder ⇨Ausschreibung entstehendes Dokument mit Vertragscharakter. Meist handelt es sich dabei um ein standardisiertes Rahmendokument, in dem neben allgemeinen Bedingungen und Konditionen die angebotene Leistung (oft als Kurzform einer ⇨Anforderungsspezifikation), Aufwand oder Preise angegeben sind. Im allgemeinen ersetzt ein Angebot bei einer folgenden Projektabwicklung nicht eine ausführliche Anforderungsspezifikation. In manchen Fällen ist verlangt, daß bereits das Angebot als ⇨Anforderungsspezifikation gilt: Dann ist es detailliert auszuarbeiten.

Anwender: Personenkreis, der ein ⇨Produkt anwendet (in der vorgesehenen Weise betreibt).

Arbeitspaket: Im Zuge der Projektplanung definierte zusammengehörige Gruppe von Tätigkeiten, die zu einem überprüfbaren Ergebnis führt.

Aufwand: Bei der Projektplanung zu ermittelnde Mengenwerte für Personaleinsatz (Mannstunden, Mannjahre), Betriebsmitteleinsatz (z.B. Rechenzeit, Geräteleasing), Reiseaufwand und sonstige Aufwände (Material, Schulung, Mieten, fremde Dienstleistungen etc.).

Aufwandsabschätzung: Auf konkreten Verfahren oder Erfahrung basierende vorausschauende Ermittlung von voraussichtlichen ⇨Aufwänden.

Auftraggeber: Natürliche oder juristische Person, die ein ⇨Vorhaben bzw. ⇨Projekt finanziert oder befugt ist, den Financier zu vertreten. Ein Vertrag zur Durchführung eines ⇨Vorhabens oder eines ⇨Projekts wird demgemäß zwischen dem Auftraggeber und dem Durchführenden (Auftragnehmer) geschlossen.

Ausprägung des SEM-VM: ⇨SEM-Ausprägung.

Ausschreibung: Aufforderung eines potentiellen Auftraggebers zum Legen eines ⇨Angebots für eine in der Ausschreibung definierte Dienstleistung oder Lieferung.

Benchmarking: Überprüfung ausgewählter Eigenschaften einer Betrachtungseinheit in bezug auf markt- oder anwendungsübliche Werte und Standards.

Benutzerschnittstelle: Diejenigen Teile eines Programms, die dem Benutzer direkt entgegentreten und die ihm die Interaktion mit dem Programm ermöglichen (Eingaben, Ausgaben, Steuerbefehle, ...).

Betriebsmittel: Alle zur Ausführung eines Vorhabens erforderlichen Sacheinsatzmittel.

CM-Plan: ⇨Configuration Managementplan.

CM-System: Realisierte Form der im ⇨Configuration Managementplan festgelegten Verfahren (entsteht meist durch Verwendung oder Einbeziehung dafür geeigneter EDV-Werkzeuge).

CM: ⇨Configuration Management.

Configuration Managementplan (CM-Plan): Plan, der innerhalb eines Projekts sämtliche das ⇨Configuration Management betreffenden Aspekte konkret regelt.

Configuration Management (CM): Sammelbegriff für die Regelung aller Aufgaben zur geordneten Verwaltung aller im Ablauf eines Projekts anfallenden Ergebnisse bzw. benötigten Einheiten. Diese Aufgaben umfassen im allgemeinen auch die Verwaltung von Fehlermeldungen und Änderungsanträgen, die sich auf ausgelieferte ⇨Produkte beziehen.

Definition: Projektphase gemäß SEM-VM, die die Definition des ⇨Produkts (Summe der Produktanforderungen) und des Projektablaufs zum Ziel hat. Das wichtigste technische Entwicklungsdokument, das in dieser Phase entsteht, ist die ⇨Anforderungsspezifikation, das wichtigste projektsteuernde Dokument der ⇨ Projektplan.

Dokument: Schriftstück, das Festlegungen in bezug auf ein ⇨Vorhaben oder ⇨Projekt enthält. Keine Dokumente hingegen sind Aufzeichnungen über durchgeführte Handlungen oder Ereignisse (z.B. Protokolle von Besprechungen und Sitzungen oder Aufzeichnungen über durchgeführte Qualitätssicherungsmaßnahmen, sog. ⇨Q-Aufzeichnungen).

Dokumentationsanforderungen: Anforderungen hinsichtlich der ⇨Lieferkomponenten, die die Dokumentation betreffen (z.B. Benutzerhandbuch, Installationsanweisungen, Systemdokumentation etc.).

Domäne: Anwendungsgebiet einer Lösung. Das Erarbeiten des Wissens über die betreffende Domäne stellt einen wichtigen Teil der Arbeit beim Erstellen der ⇨Anforderungsspezifikation dar, da in den primären ⇨Anforderungen domänenspezifisches Wissen meist nicht in expliziter Form vorliegt.

Durchführungsphasen: Projektphasen, die gemäß ⇨SEM-VM den „Kernbereich" der Projektabwicklung ausmachen: ⇨Definition, ⇨Entwurf, ⇨Realisierung und ⇨Einsatz. Die Durchführungsphasen werden von den ⇨Rahmenphasen (⇨Initiierung und ⇨Abschluß) eingeschlossen.

Einsatz: Projektphase gemäß ⇨SEM-VM, die aus Sicht des Projekts die Sicherstellung des Produkteinsatzes zum Ziel hat. Wichtige Projektthemen in diesem Zusammenhang sind ⇨Gewährleistung und Einsatzunterstützung. Dient ein Projekt ausschließlich der ⇨Wartung eines Produkts, bedeutet das nicht, daß das Projekt nur eine Einsatzphase umfaßt.

Empfehlung: Im SEM-VM empfohlene Vorgangsweise, die im Text sprachlich als *„kann"*-Formulierung gekennzeichnet ist. Ihre

Nichtbefolgung bedarf keiner Begründung. Zur Abgrenzung vgl. ⇨Festlegung, verpflichtende und ⇨Festlegung, vorgesehene.

Entwicklungsparadigma: Ansatz zur Entwicklung von Lösungen (z.B. objektorientiertes, wissensbasiertes oder strukturiertes Paradigma).

Entwicklungsprozeß: Geordnetes Schema von Tätigkeiten und Ergebnissen, das zum Ausarbeiten (Entwickeln) einer angestrebten Lösung angewendet wird.

Entwurf: Projektphase gemäß ⇨SEM-VM, die das Festlegen der Lösung und der Produktprüfung zum Ziel hat. Die zentralen Dokumente, die in dieser Phase entstehen, sind die ⇨Lösungsspezifikation und der ⇨Testplan.

Entwurfsspezifikation: Teil der ⇨Lösungsspezifikation, der dann erstellt werden muß, wenn Entwicklungstätigkeiten vorgenommen werden. Sie kann auch mehrere Teildokumente (z.B. System- und Detailspezifikation) umfassen.

Ergebnisse, weitere: Im Laufe eines Projekts entstehende Ergebnisse, die nicht ausgeliefert werden (also nicht Bestandteil des ⇨Produkts sind). Typische weitere Ergebnisse sind z.B. technische Zwischenergebnisse sowie projektinterne Pläne und Dokumente. Zur Abgrenzung siehe weitere ⇨Komponenten und ⇨Lieferkomponenten.

Feldtest: Test mit realen Daten unter realen Einsatzbedingungen.

Festlegung, verpflichtende: Im ⇨SEM-VM verpflichtende Vorgangsweise, die im Text sprachlich als *„muß"*-Formulierung gekennzeichnet ist. Sie muß ohne Ausnahme befolgt werden. Zur Abgrenzung vgl. ⇨Empfehlung und ⇨Festlegung, vorgesehene.

Festlegung, vorgesehene: Im ⇨SEM-VM vorgesehene Vorgangsweise, die im Text sprachlich als *„soll"*-Formulierung gekennzeichnet ist. Ihre Nichtbefolgung bei der Anwendung einer ⇨SEM-Ausprägung bedarf einer Absprache mit allen Betroffenen sowie einer Begründung (im Qualitätssicherungsplan). Zur Abgrenzung vgl. ⇨Festlegung, verpflichtende und ⇨Empfehlung.

Firmware: Software, die das Verhalten elektronischer Bausteine in digitalen Hardwaresystemen steuert. Sie ist entweder in den Bausteinen selbst verankert oder mit speziellen Verfahren ladbar.

Geschäftsprozeß: Geordnetes Schema von Tätigkeiten und Ergebnissen, das in dafür zuständigen Unternehmenseinheiten (Geschäftsgebiete, Geschäftsfelder) zur Abwicklung von Geschäftsfällen angewendet wird. Aus dem Geschäftsprozeß heraus wird bei Bedarf ein ⇨Entwicklungsprozeß angestoßen.

Gewährleistung: Verpflichtung, gemäß vertraglicher Vereinbarungen (meist in der ⇨Anforderungsspezifikation niedergeschrieben) oder gesetzlicher Verpflichtungen nach der ⇨Abnahme des Produkts bestimmte Tätigkeiten durchzuführen (Mängel- oder Fehlerbehebung).

Gewährleistungsanforderung: Anforderungen, die die Rechte und Pflichten eines Kunden bei Auftreten von Fehlern innerhalb einer vereinbarten Frist nach der Erstauslieferung eines Produkts regeln (z.B. das Recht auf kostenlose und kurzfristige Fehlerbehebung oder die Pflicht des Fehlernachweises).

Grob-Projektplan: In der Phase ⇨Initiierung entstehender Plan, der aus der Sicht der ersten Analysen die wesentlichsten Kennwerte des geplanten Projekts darstellt (Projektverantwortlichkeit, Phasenmodell, Aufwands- und Terminrahmen etc.).

Grob-Projektplanung: Projektfestlegungen zu einem frühen Zeitpunkt eines Projektvorhabens, im wesentlichen analog zur regulären ⇨Projektplanung, aber in den Aussagen wesentlich gröber.

Grob-QS-Plan: In der Phase ⇨Initiierung entstehender Plan, der aus der Sicht der ersten Analysen die QS-relevanten Vorgaben zusammenfaßt.

Hardware: Materielle Systeme, meist als Abgrenzung zum Begriff ⇨Software gebraucht.

Informationssicherheit (IS): Sicherheit von Informationen gegen Mißbrauch (unberechtigten Zugriff), Verlust und Zerstörung. Diese Sicherheit muß unabhängig vom Informationsträger bei Verarbeitung und Haltung der Information gelten. Maßnahmen zur Gewährleistung von Informationssicherheit umfassen meist technische Vorkehrungen, administrative und organisatorische Einrichtungen, Richtlinien und Regelungen sowie Information und Unterweisung Betroffener.

Initiierung: Projektphase gemäß SEM-VM, die die verbindliche Entscheidung über ein geplantes Projektvorhaben zum Ziel hat. In dieser Phase müssen die primären ⇨Anforderungen analysiert werden und in einen ⇨Lösungsvorschlag münden. Das wesentlichste Ergebnis dieser Phase ist der ⇨Projektentscheid.

IS: ⇨Informationssicherheit.

Kann: ⇨Empfehlung.

Komponenten, weitere: Komponenten, die im Laufe eines Projekts entstehen (weitere ⇨Ergebnisse) oder beschafft und eingesetzt werden, aber keine ⇨Lieferkomponenten darstellen.

Konfiguration: Menge von Elementen, die eine definierte logische Einheit bilden und über entsprechende Stücklisten definiert sind. Konfigurationen können in einem CM-System als geordnete Einheiten verwaltet werden.

Kosten: Nach der Planung des ⇨Aufwands zu ermittelnde Werte hinsichtlich der voraussichtlich zu erwartenden Kosten in einer Verrechnungseinheit (Schilling, DM, Euro, …).

Kunde: Empfänger eines von einem Lieferanten (Hersteller, Händler) gelieferten ⇨Produkts. Wendet ein Kunde das Produkt selbst an, ist er gleichzeitig ⇨Anwender. Finanziert ein Kunde die Herstellung eines Produkts, so ist er gleichzeitig ⇨Auftraggeber.

Leitfaden: Im Sinne von ⇨SEM-VM sollen Leitfäden die konkrete Arbeit unterstützen (z.B. Durchführung von Reviews, Abwicklung von CM etc.). Leifäden haben reinen Empfehlungscharakter. Enthaltene Festlegungen stellen nur Wiederholungen bzw. Erläuterungen aus den ⇨SEM-Ausprägungen dar.

Lieferkomponenten: Alle Bestandteile eines Projekts (entwickelte oder verwendete), die ausgeliefert werden (sollen). Die Summe aller Lieferkomponenten stellt das ⇨Produkt dar. Zusätzlich zu den Lieferkomponenten existieren in einem Projekt weitere ⇨Komponenten, die nicht ausgeliefert werden (z.B. Zwischenergebnisse; Dokumente und Pläne, verwendete Hilfsmittel).

Lösungsspezifikation: In der Phase ⇨Entwurf entstehendes Dokument, das die Lösung festlegt. Es handelt sich dabei um einen Sammelbegriff, da je nach Aufgabenstellung und ⇨SEM-Ausprägung meist mehrere Dokumente entstehen, die vom Typus her recht unterschiedlich sein können. Bei klassischen Entwicklungsprojekten müssen immer ⇨Entwurfsspezifikationen entstehen, bei Verwendung zugekaufter Komponenten und Organisationslösungen andere entsprechende Dokumente.

Lösungsstudie: In der Phase ⇨Definition entstehendes Dokument. Dieses Dokument soll zusätzlich zur ⇨Anforderungsspezifikation dann entstehen, wenn im Zuge der Anforderungsbehandlung Lösungsalternativen oder überhaupt die Lösbarkeit der Anforderungen untersucht werden müssen.

Lösungsvorschlag: In der Phase ⇨Initiierung entstehendes Dokument, das in groben Zügen das geplante Projektergebnis und den geplanten Lösungsweg darstellt.

Meilenstein: Ein Meilenstein kennzeichnet gemäß DIN-Definition ein „herausragendes Ereignis" im Projektgeschehen. Er ist oft mit der Freigabe wichtiger Ergebnisse verbunden, kann aber auch nur den Beginn oder das Ende eines Projektabschnitts kennzeichnen. Meilensteine eigenen sich gut für Trendanalysen im Rahmen der Projektkontrolle und -steuerung. Die im ⇨SEM-VM definierten Pflichtmeilensteine verstehen sich als Minimalanforderung; sie können in ⇨SEM-Ausprägungen und Projekten durch differenziertere Meilensteine ersetzt und durch weitere Meilensteine ergänzt werden.

Muß: ⇨Festlegung, verpflichtende.

Orgware: Geschlossenes Regelwerk für die Durchführung von Organisations- oder Verwaltungsaufgaben sowie von Teilen derselben.

Pflichtergebnis: Ergebnis nach ⇨SEM-VM, das verpflichtend erreicht werden muß. Bei der Darstellung der Projektphasen werden Pflichtergebnisse immer mit der Kennzeichnung *„muß"* versehen; siehe ⇨Festlegung, verpflichtende.

Pflichtmeilenstein: Meilenstein, der für alle SEM-Ausprägungen gelten muß (alle in ⇨SEM-VM vordefinierten Meilensteine sind Pflichtmeilensteine). In den ⇨SEM-Ausprägungen können diese Meilensteine lediglich durch differenziertere ersetzt werden.

Phasenablauforganisation: Die Durchführungsphasen nach ⇨SEM-VM (⇨Phasenorganisation) sollen im Prinzip nacheinander durchlaufen werden. Unter Phasenablauforganisation (engl.: life cycle approach) versteht man die genaue Definition über den Durchlauf der Phasen. Im SEM-VM sind fünf verschiedene Formen der Ablauforganisation definiert: drei elementare Formen (Wasserfallmodell, Spiralmodell, Prototyping) sowie zwei zusammengesetzte Formen (Evolutionsmodell und Ausbaustufenmodell). Die Phasenablauforganisation ist prinzipiell unabhängig von den einzelnen ⇨SEM-Ausprägungen. In einer SEM-Ausprägung können durchaus unterschiedliche Phasenablauforganisationsformen gewählt werden (in einigen Ausprägungen werden allerdings bestimmte Formen bevorzugt empfohlen).

Phasenorganisation: Die Phasenorganisation von ⇨SEM-VM definiert die verbindlichen Projektphasen mit ihren jeweiligen Zielen, Voraussetzungen, Tätigkeiten, Ergebnissen und Meilensteinen: ⇨Initiierung, ⇨Definition, ⇨Entwurf, ⇨Realisierung, ⇨Einsatz und ⇨Abschluß.

Problemraum: ⇨Domäne.

Produkt: Projektergebnis, das ausgeliefert wird (die Summe aller ⇨Lieferkomponenten). Unter Produkt sind nicht nur entwickelte Software-Komponenten mit ihrer Dokumentation zu verstehen, sondern auch allgemeine Systemlösungen (auch ⇨Orgware sowie die Einbeziehung gekaufter Komponenten). Zur Abgrenzung siehe weitere ⇨Komponenten und weitere ⇨Ergebnisse.

Produktabnahmeanforderungen: Summe der Anforderungen an ein Produkt und dessen Eigenschaften, die bei der ⇨Abnahme geprüft werden.

Produktqualität: Grad der Eignung eines ⇨Produkts zur Erfüllung aller an das Produkt bestehenden expliziten oder vorausgesetzten Erfordernisse.

Projekt: Einmaliges Vorhaben, das auf ein konkretes Ergebnis (Produktziel) ausgerichtet ist, für das ein Durchführungsplan existiert sowie eine definierte Zeitspanne und ein definierter Mittelumfang geplant sind.

Projektauftrag: Dokument, das die projektabwickelnde Stelle mit der Durchführung beauftragt (und damit die Finanzierung sicherstellt).

Projektentscheid: Ein in der Phase ⇨Initiierung entstehendes Dokument, das diese Phase mit einer positiven oder negativen Entscheidung zur Durchführung eines ⇨Vorhabens als ⇨Projekt abschließt.

Projektleiter: Innerhalb der Projekthierarchie oberster Verantwortlicher für die Durchführung eines Projekts.

Projektmanagement: Aufgabenbereich innerhalb der Projektabwicklung, der Projektplanung, Projektkontrolle, Projektsteuerung sowie Koordination, Organisation und Administration umfaßt.

Projektordner: Archiv, in dem alle projektrelevanten Dokumente und die gemäß QS-Plan geforderten Aufzeichnungen aufbewahrt werden (ein Projektordner kann auch in elektronischer Form vorliegen). Der Projektordner muß spätestens in der

⇨Abschlußphase eines ⇨Projekts angelegt werden, kann jedoch durchaus auch projektbegleitend geführt werden.

Projektorganisation: Beschreibung der personellen Aufgabengebiete und Verantwortungen innerhalb eines ⇨Projekts.

Projektplan: Dokument zur Planung und Regelung der gesamten Strukturen, Verantwortungen und Abläufe eines Projekts. Nach ⇨SEM-VM wird zwischen drei Stufen der Projektplanung unterschieden: Grob-Projektplanung (muß während der Phase Initiierung erfolgen), vorläufige Projektplanung (kann während der Phase Definition nötig sein) und reguläre Projektplanung (muß bei Abschluß der Phase Definition vorliegen). Siehe ⇨Grob-Projektplanung, ⇨Projektplanung, vorläufige, und ⇨Projektplanung, reguläre.

Projektplanung, reguläre: Planung aller projektrelevanten Daten, die vom Projektmanagement zur effektiven Steuerung eines Projekts benötigt werden. Sie muß beim Abschluß der Phase ⇨Definition vorliegen.

Projektplanung, vorläufige: Planung aller projektrelevanten Daten, die schon vor dem Vorliegen einer abgestimmten ⇨Anforderungsspezifikation durchgeführt wird und daher noch vorläufigen Charakter hat. Siehe auch ⇨Projektplanung, reguläre.

Prototyp: Mit relativ wenig Aufwand erstellte Lösungen (beispielhafte Realisierung von Software, Hardware, Dokumenten) die es ermöglichen, die Eigenschaften von noch nicht realisierten ⇨Produkten oder Systemen praktisch zu zeigen und zu erproben. Damit kann das Erstellen von Prototypen unterschiedliche Ziele verfolgen; z.B. anschauliches Darstellen einer Benutzeroberfläche, Hilfestellung bei der Klärung von Anforderungen (exploratives Prototyping), Überprüfen der prinzipiellen Realisierbarkeit einer Lösung (experimentelles Prototyping).

Prototyping: Prototyping ist im ⇨SEM-VM in zweifacher Form möglich: Zum einen als Methode, die in einzelnen Phasen einer Ablauforganisationsform eingesetzt wird (⇨Prototyp), zum anderen als eigene Form der ⇨Phasenablauforganisation

Prüfung: Dokumentierte Kontrolle eines Ergebnisses durch mindestens eine Person ungleich dem Autor (Prüfunterschrift, Datum). Eine Prüfung stellt die Minimalanforderung für die Freigabe von Ergebnissen dar, die kontrolliert werden müssen. Soll bei der Prüfung von Dokumenten diese Minimalanforderung überschritten werden, dann ist ein ⇨Review durchzuführen.

Q-Aufzeichnung: Aufzeichnung durchgeführter Qualitätsmaßnahmen (dient als Nachweis der Durchführung). Aufzeichnungen gelten nicht als Dokumente.

Q-Bericht: Bericht mit qualitätsrelevanten Inhalten für ein Projekt bzw. eine Organisationseinheit.

QM-Organisation: Organisation, die in einem Unternehmen mit leitenden, ausführenden und prüfenden Tätigkeiten zur Aufrechterhaltung einer festgelegten Qualitätspolitik beauftragt ist. Innerhalb jeder QM-Organisation müssen Verantwortung und Befugnisse genau festgelegt sein.

QS-Plan: ⇨Qualitätssicherungsplan.

QSV: ⇨Qualitätssicherungsverantwortlicher.

Qualitätsmanagement: Alle Regelungen, die die Qualitätspolitik, die Qualitätsziele und Verantwortlichkeiten betreffen und durch Verfahren der Qualitätsplanung, Qualitätssteuerung, Qualitätssicherung und Qualitätsverbesserung abgedeckt sind.

Qualitätsanforderung: Anforderung hinsichtlich der Qualität eines Produkts (⇨Qualitätsmerkmale).

Qualitätsmerkmale: Eigenschaften oder Teileigenschaften, die in Summe die Qualität eines Produkts ausmachen (z.B. Zuverlässigkeit, Funktionserfüllung, Benutzerfreundlichkeit, Zeitverhalten etc.).

Qualitätssicherung: Nach der Norm EN ISO 8402 ist Qualitätssicherung die Summe aller „geplanten und systematischen Tätigkeiten, die innerhalb des Qualitätsmanagementsystems verwirklicht sind, und die wie erforderlich dargelegt werden, um ein angemessenes Vertrauen zu schaffen, daß eine Einheit die Qualitätsanforderungen erfüllen wird".

Qualitätssicherungsplan (QS-Plan): Dokument, das alle geplanten Qualitätssicherungsmaßnahmen, methodischen und sonstigen qualitätsrelevanten Projektfestlegungen enthält (bzw. auf sie verweist).

Qualitätssicherungsverantwortlicher (QSV): Mitarbeiter eines Projekts, der für die Erstellung des QS-Plans und die Überprüfung der ordnungsgemäßen Einhaltung der Entwicklungsmethode im Projekt verantwortlich ist (meist obliegen ihm noch weitere Tätigkeiten im Rahmen des ⇨Qualitätsmanagements, wie z.B. Q-Berichtswesen).

Rahmenphasen: Projektphasen, die gemäß ⇨SEM-VM den „Rahmen" der Projektabwicklung ausmachen: ⇨Initiierung und ⇨Abschluß. Die Rahmenphasen sind bei jedem ⇨Vorhaben verpflichtend, auch wenn es nicht zur Durchführung eines Projekts kommt (bzw. zur Durchführung *als* Projekt). Sie schließen die ⇨Durchführungsphasen eines Projekts ein (⇨Definition, ⇨Entwurf, ⇨Realisierung und ⇨Einsatz).

Realisierung: Projektphase gemäß ⇨SEM-VM, die die Realisierung, Prüfung und Abnahme der Lösung zum Ziel hat.

Review: Systematische, kritische, dokumentierte Durchsicht von Ergebnissen (z.B. Dokumente, Pläne, Code, ...) mit dem Ziel der Fehlerfindung. An einem Review müssen mindestens zwei Prüfer teilnehmen.

Risikoanalyse: Systematische Untersuchung potentieller Risiken in einem Projekt. Dies kann sowohl projektinterne Risiken betreffen (wie z.B. technologische, abwicklungstechnische, organisatorische, Qualitäts- und Terminrisiken) als auch externe Risiken (wie z.B. wirtschaftliche und vertragliche Risiken).

Risikomanagement: Management der zur Projektabwicklung bestehenden Risiken. Risikomanagement umfaßt die Planung von Maßnahmen zur vorbeugenden Verhinderung sowie akuten Beherrschung von Risiken und Krisen sowie die allfällige Durchführung aller beschlossener Maßnahmen.

SEM-Ausprägung: Das hier vorliegende ⇨Vorgehensmodell (VM) liefert die übergeordneten und allgemeinen Regelungen zum Vorgehen in ⇨Projekten; die konkreten Verfahrensbeschreibungen zur Anwendung in den Projekten finden sich jeweils angepaßt in Ausprägungen für spezielle Anwendungsbereiche, Produktklassen oder Entwicklungsparadigmen (z.B. eeSEM, SEM-HL, ooSEM). Eine besondere Ausprägung stellt die „Standard-Ausprägung" stdSEM dar, die immer dann zur Anwendung kommen muß, wenn keine Kundenmethode und keine spezifischere Ausprägung anwendbar ist.

SEM-VM: SEM-Vorgehensmodell: Das im Teil II dieses Buches vorliegende Handbuch liefert im Sinne eines ⇨Vorgehensmodells die übergeordneten und allgemeinen Regelungen zum Vorgehen in Projekten. Die konkreten Verfahrensbeschreibungen finden sich in ⇨SEM-Ausprägungen für spezielle Anwendungsbereiche, Produktklassen oder Entwicklungsparadigmen.

SEM: Systementwicklungsmethode.

Simulation: Ausführung von Experimenten an einem abstrakten Modell eines zu untersuchenden Objekts.

Software: Programme für Datenverarbeitungssysteme. Meist als Abgrenzung zu ⇨Hardware verwendet.

Soll: ⇨Festlegung, vorgesehene.

Spiralmodell: Phasenablauforganisationsmodell nach [Boehm 88] in dem pro Phase jeweils eine Zielbestimmung, Evaluierung, Entwicklung und Planung der Nachfolgephase vorgenommen wird. Bei Betrachtung eines Projektablaufs ergeben sich quasi „spiralförmige" Durchläufe durch das Modell.

Systemschnittstelle: Übergabebereich eines Programms, über den das Programm mit anderen Programmen kommuniziert. Die exakte und möglichst endgültige Definition der Systemschnittstellen in der ⇨Anforderungsspezifikation ist sehr wichtig, da erfahrungsgemäß Änderungen von Systemschnittstellen großen Aufwand verursachen.

Systemtest: Test zur ⇨Verifizierung des (in der ⇨Anforderungsspezifikation) spezifizierten Gesamtsystemverhaltens.

Testplan: Dokument, das alle geplanten Testmaßnahmen eines ⇨Projekts beschreibt.

Traceability: Verfolgbarkeit, insbesondere von Anforderungen im Lebenszyklus eines Projekts. Die Verfolgbarkeit ist sowohl vorwärts als auch rückwärts von Bedeutung (so sollen sich z.B. die Voraussetzungen einer Phase in den Ergebnissen identifizieren lassen und umgekehrt aus den Ergebnissen die korrespondierenden Voraussetzungen erkennen lassen). Die wichtigste Voraussetzung für die Verfolgbarkeit ist die exakte Identifizierung von Anforderungen.

Usability: Sammelbegriff für Anwenderfreundlichkeit und insbesondere Handhabbarkeit von Programmen. Zur Überprüfung der Usability werden verschiedenste Verfahren eingesetzt (z.B. heuristische Evaluation, Anwenderbefragung, empirische Tests etc.).

Validierung: Überprüfung, ob eine Betrachtungseinheit die richtige Lösung für eine vorgesehene Verwendung darstellt.

Verifizierung: Überprüfung, ob sich eine Betrachtungseinheit so wie spezifiziert oder fehlerhaft verhält.

Verwaltungseinheit: Wichtiger Begriff im Zusammenhang mit Configuration Management; er betrifft alle Einheiten (Objekte, Entitäten), die mit Hilfe des CM-Systems verwaltet werden. Es kann sich dabei um „atomare" oder zusammengesetzte Einheiten (Konfigurationen) handeln.

VM: ⇨Vorgehensmodell.

Vorgehensmodell (VM): Abstraktes Modell für das Vorgehen bei der Abwicklung definierter Vorhaben.

Vorhaben: Geplante Aufgabe: In der Phase ⇨Initiierung werden Überlegungen angestoßen, die bei positivem Projektentscheid zu einem ⇨Projekt führen können.

Wartung: Summe von Tätigkeiten an einer bestehenden Betrachtungseinheit, die zur Beseitigung von Fehlverhalten oder der Ergänzung oder Abänderung von Funktion, Struktur und Verhalten dienen. Wartung wird in Projekten fast immer nach der evolutionären ⇨Phasenablauforganisation durchgeführt.

Wiederverwendbarkeit: Eigenschaft eines Objekts (Dokument, Source, Programm, Konzept, ...), in einer anderen Einsatzumgebung wieder verwendet werden zu können.

Wiederverwendung: Einsatz vorhandener Objekte (Dokumente, Sourcen, Programme, Konzepte, ...) in einer anderen Umgebung als der ursprünglichen.

Wiederverwendungs-Management: Summe aller Maßnahmen, um ⇨Wiederverwendung zu begünstigen bzw. zu gewährleisten (innerhalb eines ⇨Projekts, einer Entwicklungsabteilung, ...).

Wiederverwendungsplan (WV-Plan): Plan, der in einem Projekt den Umgang mit den Themen ⇨Wiederverwendung und ⇨Wiederverwendbarkeit regelt.

WV-Plan: ⇨Wiederverwendungsplan.

Wirtschaftlichkeit: Finanzielle Ausgewogenheit zwischen Entwicklungsausgaben und dafür erzielten Erlösen.

Literaturverzeichnis

[Balzert 96]
H. Balzert. *Lehrbuch der Software-Technik: Software-Entwicklung.*
Spektrum Akad. Verlag, Heidelberg, 1996.

[Boehm 88]
B. W. Boehm. A Spiral Model of Software Development and Enhancement. *IEEE Computer,* 21(5):61–72, 1988.

[Booch 94]
G. Booch. *Object-Oriented Analysis and Design with Applications.* Benjamin/Cummings, Redwood City, CA, second edition, 1994.

[Buschmann *et al.* 96]
F. Buschmann, R. Meunier, H. Rohnert, P. Sommerlad, and M. Stal. *Pattern-Oriented Software Architecture: A System of Patterns.*, Wiley, NY, 1996.

[Coleman *et al.* 94]
D. Coleman, P. Arnold, S. Bodoff, C. Dollin, H. Gilchrist, F. Hayes, and P. Jeremaes. *Object-Oriented Development: The Fusion Method.* Prentice Hall, Englewood Cliffs, NJ, 1994.

[Davis 93]
A. M. Davis. *Software Requirements: Objects, Functions, and States.* Prentice Hall, Englewood Cliffs, NJ, 1993.

[Davis 95]
A. M. Davis. Object-Oriented Requirements to Object-Oriented Design: An Easy Transition? *Journal of Systems and Software,* 30:151–159, 1995.

[de Champeaux & Faure 92]
D. de Champeaux and P. Faure. A Comparative Study of Object-Oriented Analysis Methods. *Journal of Object-Oriented Programming,* 5:21–33, 1992.

[ESA 91]
ESA Software Engineering Standards. Issue 2.
Guide to the Software Engineering Standards. European Space Agency, 1991.

[Ghezzi *et al.* 91]
C. Ghezzi, M. Jazayeri, D. Mandrioli. *Fundamentals of Software Engineering*. Prentice Hall, Englewood Cliffs, NJ, 1991.

[Goldberg & Rubin 95]
A. Goldberg and K. S. Rubin. *Succeeding with Objects: Design Frameworks for Project Management*. Addison-Wesley, Reading, MA, 1995.

[IFPUG 94]
Function Point Counting Practices Manual, Release 4.0. International Function Point Users Group (IFPUG), 1994.

[Jacobson *et al.* 92]
I. Jacobson, M. Christerson, P. Jonsson, and G. Övergaard. *Object-Oriented Software Engineering: A Use Case Driven Approach*. Addison-Wesley, Reading, MA, 1992.

[Kaindl 97]
H. Kaindl. A Practical Approach to Combining Requirements Definition and Object-Oriented Analysis. *Annals of Software Engineering*, 3:319–343, 1997.

[Knorr & Jakobs 97]
D. Knorr und E.-M. Jakobs (Hrsg.). *Textproduktion in elektronischen Umgebungen*. Peter Lang, Frankfurt/M., 1997.

[Krueger 92]
Ch. W. Krueger. Software Reuse. *ACM Computing Surveys*, 24:131–183, 1992.

[Kuhlen 91]
R. Kuhlen. *Hypertext. Ein nicht-lineares Medium zwischen Buch und Wissensbank*. Springer, Berlin, 1991.

[Lutz 95]
B. Lutz. Hypertextlinguistik: Erfahrungen aus der Praxis – Anregungen für die linguistische Forschung. *Osnabrücker Beiträge zur Sprachtheorie* 50:155–163, 1995.

[Marciniak 94]
J. J. Marciniak (ed). *Encyclopedia of Software Engineering. Volume 1 & 2*. Wiley, NY, 1994.

[Nielsen 93]
J. Nielsen. *Usability Engineering*. Academic Press, Boston, MA, 1993.

[Nielsen 95]
J. Nielsen. *Multimedia and Hypertext: The Internet and Beyond.*
Academic Press, Boston, MA, 1995.

[Pagel & Six 94]
B.-U. Pagel und H.-W. Six. *Software Engineering. Band 1: Die
Phasen der Softwareentwicklung.* Addison Wesley, Bonn, 1994.

[Pree 95]
W. Pree. *Design Patterns for Object-Oriented Software Development.* Addison-Wesley, Reading, MA, 1995.

[Rubin & Goldberg 92]
K. S. Rubin and A. Goldberg. Object Behavior Analysis. *Com-
munications of the ACM,* 35(9):48–62, 1992.

[Rumbaugh *et al.* 91]
J. Rumbaugh, M. Blaha, W. Premerlani, F. Eddy, and W. Loren-
sen. *Object-Oriented Modeling and Design.* Prentice Hall, Englewood Cliffs, NJ, 1991.

[Shlaer & Mellor 92]
S. Shlaer and S. J. Mellor. *Object Lifecycles: Modeling the World in
States.* Prentice Hall, Englewood Cliffs, NJ, 1992.

[Siemens 88]
Qualitätsbewertung von Software. Version 1.0. Siemens AG
Österreich, 1988.

[Siemens 94]
Software-Entwicklungshandbuch. Herausgegeben vom Bereich
ÖN, Telekommunikationsnetze, Siemens AG, 1994.

[Siemens 95]
*SEM-Leitfaden Projektinitiierung. Hinweise zur Initiierung und
zum Start von Projekten. Version 1.0.* Siemens AG Österreich,
1995.

[Sommerville 92]
I. Sommerville. *Software Engineering.* Addison Wesley, Reading,
MA, 1992.

[VM 92]
Das V-Modell. IABG Informationstechnik, 1992.

[Wirfs-Brock *et al.* 90]
R. Wirfs-Brock, B. Wilkerson, and L. Wiener. *Designing Object-
Oriented Software.* Prentice Hall, Englewood Cliffs, NJ, 1990.

Normen und Richtlinien

IEEE Std 1028-1988: IEEE Standard for Software Reviews and Audits.

IEEE Std 1042-87: IEEE Guide to Software Configuration Management.

IEEE Std 1058.1-1987: IEEE Standard for Software Project Management Plans.

IEEE Std 1063-1987: IEEE Standard for Software User Documentation.

IEEE Std 1074-1991: IEEE Standard for Developing Software Life Cycle Processes.

IEEE Std 730-1989: IEEE Standard for Software Quality Assurance Plans.

IEEE Std 828-1990: IEEE Standard for Software Configuration Management Plans.

EN ISO 8402 (1995). Qualitätsmanagement; Begriffe.

EN ISO 9000 Teil 3 (1992). Qualitätsmanagement- und Qualitätssicherungsnormen; Leitfaden für die Anwendung von ISO 9001 auf die Entwicklung, Lieferung und Wartung von Software.

EN ISO 9000-1 (1994). Normen zum Qualitätsmanagement und zur Qualitätssicherung/QM-Darlegung; Teil 1: Leitfaden zur Auswahl und Anwendung.

EN ISO 9001 (1994). Qualitätsmanagementsysteme; Modell zur Qualitätssicherung/QM-Darlegung in Design, Entwicklung, Produktion, Montage und Wartung.

Index

Vorbemerkung: Bei häufig vorkommenden Stichwörtern wird die Fundstelle mit dem größten Informationsgehalt durch **fett** gedruckte Seitenzahlen gekennzeichnet.

-A-

Ablaufstruktur	108
Abnahme	89, 91, 98, 151, **155**, 158, 197
Abnahmebericht	156
Abnahmekriterien	127
Abnahmetest	146, 155, 156, 191, **197**
Abnahmetestplan	197
Abschluß	77, 86, 87, 100, 101, **164**, 183, 184, 197
Abweichungsbetrachtung	168
Änderungen	175
Anforderung	89, **127**, 129, 173, 197
Betriebsanforderung	130
Dokumentationsanforderung	130, 173
funktional	45, 127, 130, 172
Gewährleistungsanforderung	130
nicht funktional	46
primär	46, 88, **122**, 124, 197
Produktabnahmeanforderung	130
produktbezogen	130
projektbezogen	130, 131
Qualitätsanforderung	130, 173, 177, 187
Realisierungsanforderung	130
Schnittstellenanforderung	130
Sicherheitsanforderung	130
technisch	173, 177
Termin	130
Verhaltensanforderung	127, 130, 172
WV-Anforderung	130
Anforderungsspezifikation	48, 89, 97, 100, 107, 111, 126, 131, 135, 155, 169, **171**, 197
Angebot	**107**, 126, 127, 129, 135, 169, 172, 197
anklickbare Graphik	58, 59
Anpassung	151
Anwender	122, 130, 197
Arbeitspaket	105, 198
Archivierung	110, **166**, 168, 175, 183
Attribut	41

Auftrag **129**, 154, 169
Auftraggeber 88, 91, 108, 111, 115, 123, 124, 130, 132, 151, 155, 176, **198**
Auftragnehmer 156
Auftragsüberprüfung 107
Aufwand 96, 100, 103, **104**, 108, 130, 133, 168, 176, 177, 186, 198
Aufwandsabschätzung 105, 198
Aufwands-Termin-Diagramm 108
Ausbaustufenmodell 24, 93, **100**, 125, 137, 170
Ausschreibung 88, 122, 135, 172, **198**
Authoring-Tool 69, 71

-B-

Beauftragung 107
Beispieldokument 61, 66
Beistellungen 112, 115, 172
Benchmarking 95, 198
Benutzerhandbuch 154, **173**
Benutzerschnittstelle 142, 172, 198
Beschaffung 151
Best Practice 25
Betrieb 161
Betriebskennwert 145
Betriebsmittel 114, 133, 198

-C-

Checkliste 61, 63, 65, **194**
CM-Plan 90, 111, 136, 145, 147, **174**, 198
CM-System 91, 133, 136, 145, 147, **198**
Code-Review 154
Cognitive Overload 57, 69
Collaborative Authoring 69, 71
Configuration Management (CM) 51, 76, 98, 104, **109**, 133, 199

-D-

Definition 44, 86, 97, 98, 107, **126**, 199
Detailentwurf 140
Document Tree 11
Dokument 199
Dokumentation 53
Dokumentationsanforderung 173, 199
Dokumententemplates 65
Domäne 46, 89, 130, **199**
Download von Dokumenten 67
Druckdateien 67
Durchführungsphase 77, 86, 87, 93, 120, **199**

-E-

Einführungsplan 35
Einsatz 77, 86, 92, 95, 98, 99, **160**, 199
Einsatzbegleitung 160
Empfehlung 27, 199
Entwicklungsparadigma 200
Entwicklungsphasen 23
Entwicklungsprozeß 200
Entwurf 44, 77, 86, 90, 96, 97, 98, 100, 116, 130, 131, **139**, 178, 189, 200
Entwurfsspezifikation 91, 101, 144, 146, 179, **200**
Ergebnisknoten 65
ESA Software Engineering Standards 9
Evolutionsmodell 24, 93, **98**, 125, 160, 170

-F-

FAQs 63
Feldtest 200
Festlegung
    bedingt verpflichtend 27
    verpflichtend 27, 78, 83, **107**, 200
    vorgesehen 27, 78, **107**, 200
Firmware vii, 75, 77, 142, 200
Function-Point-Methode 105, 168

-G-

Geschäftsprozeß 26, 132, 151, 200
Gestaltung von Websites 62
Gewährleistung 89, 92, 160, 161, 163, **201**
Gewährleistungsanforderung 201
Graphik in Online-Texten 62
Graphik, anklickbar 58, 59
Grob-Entwurf 140
Grob-Projektplan 53, 88, 102, 123, 124, 128, **175**, 201
Grob-Projektplanung 105, 123, 201
Grob-QS-Plan 88, **177**, 201

-H-

Hardware 75, 77, 91, 142, 156, 157, 201
Hilfesystem 67, 70
Hilfetext 154
Homepage von stdSEM 58
Hypertext 34, 57, 174
Hypertext-Design 57

-I-

Implementierung 151

Informationssicherheit	134, 145, 168, 175, 188, **201**
Inhaltsverzeichnis	
kommentiert	61, 65, 67
Initiierung	77, 88, 93, 100, 101, **121**, 175, 177, 181, 201
Integration	151
Integrationstest	146, 156
Internet	56
Intranet	55, 56, 71
iterative Entwicklung	48

-K-

Klassenbibliotheken	52
Knotentypen	61, 62, 63, 71
Beispieldokument	61, 66
Checkliste	61, 63, 65
Dokumententemplate	65
Ergebnisknoten	65
FAQs	63
Inhaltsverzeichnis des Dokuments	65
kommentiertes Inhaltsverzeichnis	61, 65, 67
Tätigkeitsknoten	63
Tips	61, 63, 64
Werkzeuge	61, 63
kommentiertes Inhaltsverzeichnis	61, 65, 67
Komponententest	146, 156
Konfiguration	110, 175, **202**
Kosten	108, 133, **202**
Kunde	122, 130, 166, **202**

-L-

Lastenheft	172
Leitfaden	viii, 75, 76, 80, **81**, 123, 202
Lesen am Bildschirm	57, 61
Lieferkomponente	91, 103, 124, 133, 153, **202**
Linkerstellung	69
Linktypen	63, 71
Linküberprüfung	69
Lost in Hyperspace	57
Lösungsspezifikation	90, 91, 98, 113, 140, 143, 144, 146, 148, **178**, 202
Lösungsstudie	48, 131, 135, 137, **180**, 202
Lösungsvorschlag	88, 123, 124, 128, 176, **181**, 203

-M-

Meilenstein	86, 108, **119**, 125, 138, 149, 159, 163, **203**
Meilenstein-Trendanalyse	108
Modell	7
Modellieren	40

-N-

Netzleittechnik	31
Norm EN ISO 9001	vii, 24, 50, 51, 76, 98, 109, 111, 115, 122

-O-

Objekt	41
Objektorientierte Analyse (OOA)	40, 44
Objektorientierte Methoden	39
Objektorientierte Softwareentwicklung	39
Objektorientiertes Design (OOD)	41, 44
Objektorientiertes Programmieren (OOP)	45
Objektorientiertes Testen (OOT)	45
Online-Diskussionsforum	71
Online-Dokumentation	56
Online-Einführung	70
Online-Hilfesystem	174
Online-Rätselrallye	70
OOA-Modell	41
OOD-Modell	41
ooSEM	39
Orgware	viii, 75, 77, 91, 156, 157, 203
Orientierung	67, 71
Orientierungshilfen	67
Orientierungsverlust	57

-P-

Patterns	52
Pflichtenheft	172
Pflichtergebnis	76, 88, 94, 103, **203**
Pflichtmeilenstein	203
Phasenablauforganisation	47, **87**, 93, 96, 117, 125, 203
Phasen-Homepages	59, 67
Phasenorganisation	85, 117, 204
phasenorientierte Darstellung	58
Pilotbetrieb	161
Planung	49
Printfiles	68
Probebetrieb	151
Procedure Standards	10
Product Standards	10
Produkt	91, 98, 124, **127**, 133, 142, 143, 157, 172, 173, 204
Produktabnahme	89
Produktabnahmeanforderungen	204
Produktfluß	13
produktorientierter Ansatz	60
Produktqualität	89, 111, 112, 114, **204**
Projekt	**76**, 80, 85, 204
Projektabbruch	87
Projektabschluß	92

Projektabschlußbericht — 92, 166, 167, 168, 169, **183**
Projektauftrag — 204
Projektcontrolling — 133
Projektentscheid — 77, 86, 87, 88, 92, 121, 123, 128, 129, 166, 168, **204**
Projekterfahrungsbericht — 167, 169, **184**
Projektkontrolle — 107
Projektleiter — 87, 103, 105, 107, 120, 176, 187, **204**
Projektmanagement — 76, **102**, 107, 169, 185, 204
Projektordner — **168**, 204
Projektorganisation — 105, 108, 133, 176, 177, 185, 187, **205**
Projektplan — 53, 87, 102, 135, 147, 155, **185**, 205
Projektplanung — 26, **102**, 127, 128, 133
  grob — 49
  regulär — 50, 205
  vorläufig — 50, 205
Projektstruktur — 103, 185
Prototyp — 89, 95, 113, 131, 137, 148, 158, **205**
Prototyping — 24, 43, 93, **96**, 137, 148, 158, 205
prozeßorientierter Ansatz — 60
Prüfung — 98, 107, 112, 118, 146, 189, **205**
PSS-05 — 9

-Q-

Q-Aufzeichnung — 169, 206
Q-Bericht — 206
QM-Organisation — 206
QS-Anforderung — 106, 187
QS-Plan — 78, 90, 112, 113, 134, 136, 147, 157, **186**, 206
Qualitätsanforderung — 114, 124, 173, 177, 178, **206**
Qualitätsbewertung — 90, 114
Qualitätsmanagement — 24, 50, 111, 206
Qualitätsmerkmal — 89, 111, 114, 116, 178, **206**
Qualitätssicherung — 50, 76, 109, **111**, 112, 129, 177, 186, 206
Qualitätssicherungsverantwortlicher (QSV) — 87, 105, 111, 112, 120, 176, **206**

-R-

Rahmenphase — 23, 26, 77, 86, 93, 171, **207**
Realisierung — 45, 77, 86, 96, 131, **150**, 173, 207
Reproduzierbarkeit — 98
RETH — 46

Review	89, 90, 91, 112, 118, 134, 146, 188, **207**
Risikoanalyse	95, 123, 133, 136, 148, 158, 163, **207**
Risikomanagement	105, 207

-S-

Schnittstelle	
Benutzerschnittstelle	142, 172
extern	142
intern	142
organisatorisch	172
Systemschnittstelle	142, 172, **208**
SEM	vii, 18, 75, 76, 77, 207
SEM-Ausprägung	vii, 75, 79, 80, 119, 134, 143, 178, 188, 195, 207
Ableitung	29
Anwendungsbereich	30
Erfahrungen bei Erstellung	36
geschäftsspezifisch	30, 31
technologiespezifisch	30
Übereinstimmungen zwischen	35
SEM-Vorgehensmodell (SEM-VM)	vii, 19, 21, **75**, 79, 85, 207
SEPP	16
Simulation	95, 113, 208
Software	vii, 75, 91, 114, 142, 157, 208
Software Lifecycle Model	10
Software-Entwicklungs-Prozeß-Plan	16
Spiralmodell	24, 93, **95**, 96, 98, 101, 136, 148, 158, 163, 208
stdSEM	55
stdSEM-Homepage	58
Systemschnittstelle	142, 172, **208**
Systemtest	91, 98, 146, 151, 156, **208**

-T-

Tailoring	14
Tätigkeitsknoten	63
Teilphase	32
Termin	108, 130, 133, 186
Testplan	91, 98, 113, 114, 139, 140, 146, 147, 148, 156, 158, **189**, 208
Tips	61, 63, 64
Traceability	172, 180, 208

-U-

Übernahmebestimmungen	26
Überprüfen von HTML-Texten	70
Unified Modeling Language (UML)	41
Usability	113, 156, 188, **208**
Usability-Tests	69, 71

-V-

Validierung   90, 112, **113**, 140, 146, 147,
                                           148, 155, 156, 158, 190, **208**

Vererbung   52
Verhaltensanforderung   172
Verifizierung   96, 112, **113**, 115, 140, 146,
                                           147, 156, 190, **208**

Verpflichtungsgrad   8, 10, 27
Verwaltungseinheit   51, 104, 110, 111, 175, **208**
V-Modell   13
Volltextsuche im SEM-Web   67
Vorgehensmodell   vii, 86, 93, 107, 124, 178,
                                           209

Vorhaben   76, 77, 169, **209**

-W-

Wartbarkeit   98
Wartung   75, 160, **209**
Wasserfallmodell   vii, 23, 47, 93, **94**, 95, 96
Werkzeuge   61, 63
Wiederverwendbarkeit   52, 90, 115, 132, 135, 143,
                                           147, 191, **209**

Wiederverwendung   52, 76, 90, **115**, 116, 132,
                                           135, 143, 147, 167, 180, 183,
                                           191, 209

Wiederverwendungs-Management   209
Wiederverwendungsplan (WV-Plan)   90, 116, 132, 135, 147, 167,
                                           191, 209

Wirtschaftlichkeit   144, 209

-Z-

Zertifizierung   vii, 51